劳动预备制教材
职 业 培 训 教 材

消防联动系统
安装与运行

中国劳动社会保障出版社

图书在版编目（CIP）数据

消防联动系统安装与运行/曾平主编. —北京：中国劳动社会保障出版社，2012
劳动预备制教材　职业培训教材
ISBN 978-7-5045-9870-7

Ⅰ.①消…　Ⅱ.①曾…　Ⅲ.①消防-防火系统-安装-技术培训-教材②消防-防火系统-运行-技术培训-教材　Ⅳ.①TU998.13

中国版本图书馆 CIP 数据核字（2012）第 209289 号

中国劳动社会保障出版社出版发行

（北京市惠新东街 1 号　邮政编码：100029）

出 版 人：张梦欣

*

北京金明盛印刷有限公司印刷装订　　新华书店经销

787 毫米×1092 毫米　16 开本　9.5 印张　224 千字

2012 年 8 月第 1 版　　2012 年 8 月第 1 次印刷

定价：18.00 元

读者服务部电话：010－64929211/64921644/84643933

发行部电话：010－64961894

出版社网址：http://www.class.com.cn

版权专有　　侵权必究

举报电话：010－64954652

如有印装差错，请与本社联系调换：010－80497374

前　言

　　《中华人民共和国就业促进法》规定："国家采取措施建立健全劳动预备制度，县级以上地方人民政府对有就业要求的初高中毕业生实行一定期限的职业教育和培训，使其取得相应的职业资格或者掌握一定的职业技能。"

　　为进一步加强劳动预备制培训教材建设，满足各地实施劳动预备制对教材的需求，我们会同中国劳动社会保障出版社，组织有关人员对2000年出版的机械加工、电工、计算机、汽车、烹饪、饭店服务、商业、服装、建筑等类劳动预备制培训的专业课教材进行修订改版，并新编了美容美发、保健护理、物流、数控加工、会计、家政服务等类专业课教材。

　　在组织修订、编写教材时，考虑到接受培训人员的实际水平，为了使学员在较短时间内掌握从业必备的基本知识和操作技能，我们力求做到学习的理论知识为掌握操作技能服务，操作技能实践课题与生产实际紧密结合，内容深入浅出、图文并茂，增强教材的实用性和可读性。同时，注意在教材中反映新知识、新技术、新工艺和新方法，努力提高教材的先进性。

　　为了在规定的期限内更好地完成劳动预备制培训，各专业按照公共课＋专业课的模式进行教学。公共课分为必修课和选修课，教材为《法律常识》《职业道德》《就业指导》《计算机应用》《劳动保护知识》《应用数学》《实用写作》《英语日常用语》《实用物理》《交际礼仪》。专业课教材分为专业基础知识教材和专业技术（理论和实训一体化）教材。

　　在这批教材的修订、编写过程中，编审人员克服各种困难，较好地完成了任务。在此，谨向付出辛勤劳动的编审人员表示衷心感谢。

　　由于编写时间有限，教材中可能有一些不足之处，我们将在教材使用过程中听取各方面的意见，适时进行修改，使其趋于完善。

人力资源和社会保障部教材办公室

简　介

　　本书主要内容包括火灾自动报警系统的组成及操控、消防通信与消防广播、自动喷水灭火系统、消火栓灭火系统、气体灭火及泡沫灭火系统、防排烟系统、防火隔离系统等。每个单元先对系统的组成、关键设施及作用进行详细介绍，然后重点讲述各种设备的安装方法和系统的操作与维护，使建筑消防联动系统的理论和技能训练有机地结合在一起。本书图文并茂、内容实用。通过对本书的学习，学员能够较全面地掌握消防联动系统的基本理论知识和安装运行技能。

　　本书由曾平主编，王二菊参编，崔晓钢主审。

目 录

第一单元　火灾自动报警系统的组成及操控

模块一　火灾自动报警系统初识

知识技能要求

了解火灾自动报警系统的功能及重要性。

一、为什么需要建筑楼宇火灾自动报警系统

火在给人类带来光明和便利的同时，常有一些隐患相伴。近年来国内各类火灾事故频繁发生，造成重大人员伤害和财产损失，特别是高层建筑和各类人员密集场所的重大火灾时有发生。2008 年 5 月，北京市丰台区某家具城发生火灾，烧毁建筑 23 000 m² 及参展的 348 个厂家的摊位，直接财产损失 2 087.8 万元。火灾系该家具城北厅的电铃线圈过热，引燃裹在线圈外部的牛皮纸等可燃物所致。2009 年 1 月，福建省长乐市某小区的一个酒吧发生火灾，事发时在场约 300 人，过火面积约 30 m²。火灾造成 44 人死亡、59 人受伤。直接原因为该俱乐部演职人员使用自制礼花弹手枪发射礼花弹，引燃天花板的聚氨酯泡沫。以上火灾暴露出的主要问题：一是消防验收不合格，未报经公安消防部门审核、验收，就非法投入使用；二是安全出口不符合消防规范要求；三是消防安全意识淡薄，生产经营单位应急处置不力，消防安全设施和消防安全管理存在严重隐患，从业人员和公众缺乏基本的安全意识和必要的自救能力。

在长期的经验积累中，人们意识到，比及时扑灭火灾更为重要的是防患于未然。如果能在火灾处于萌芽状态时，利用技术手段探测到各种早期火灾特征，并且及时报警、施救，就能有效地减少火灾的危害。因此，火灾自动报警及联动控制系统就应运而生了。

基于建筑物规模逐步增大、高层建筑日益增多、火灾事故屡屡发生的现状，建筑物对于防火的要求也在不断提高。火灾自动报警系统已经成为现代建筑楼宇内必备的一项智能工程。它的普及和应用已经成为建筑物防火减灾的重要手段。美国纽约对 1969—1978 年 10 年中 1 648 起高层建筑喷淋灭火案例的统计表明，高层办公楼采用喷淋灭火系统灭火成功率为 98.4%，其他高层建筑为 97.7%。在澳大利亚和新西兰，从 1886—1968 年的几十年中，安装喷淋灭火系统的建筑物共发生火灾 5 734 次，灭火成功率达 99.8%。由此可见，建筑楼宇采用火灾自动报警系统可以实时监控、及早发现、联动处理，有效实现防火减灾功能。

二、什么是火灾自动报警系统

火灾自动报警系统是人们为了早期发现火灾迹象，并及时采取有效措施控制和扑灭火灾而设置在建筑物中或其他场所的一种自动消防设施。

火灾自动报警及联动控制技术是一项综合性的消防技术，是现代电子工程和计算机技术

在消防中的应用，也是消防系统的重要组成部分。火灾自动报警及联动控制的主要内容是：火灾参数的检测系统、火灾信息的处理与自动报警系统、消防设备联动与协调控制系统等，如图1—1所示。

图1—1　火灾自动报警及联动控制框图

火灾报警控制器是火灾报警系统的核心，是分析、判断、记录和显示火灾的部件，它通过火灾探测器（烟感、温感等）不断向监视现场发出巡测信号，监控现场的烟雾浓度、温度、火焰、可燃气体等火情信号，探测器将其转换成电信号，并反馈给报警控制器，报警控制器将收到的电信号与设定值进行比较，判断是否发生火灾。当确认发生火灾时，报警控制器首先通过声光信号向消防控制中心值班人员预警，并显示、记录火警地址和时间；再将火警发生地址传送至各层火灾显示盘，火灾显示盘发出预警信号，以便巡查值班人员能够及时得知确切的火灾地点。同时通过消防广播向火灾现场发出火灾报警信号，指示疏散路线，引导人员向安全的区域避难。为了防止探测器失灵，现场人员也可以通过安装在现场的手动报警按钮和消防电话直接向消防中心报警。

联动设备在火灾报警控制器的控制下，可执行自动灭火等一系列程序。当监控现场发生火灾时，联动控制器启动喷淋泵，进行灭火；启动正压送风机、排烟风机，保证避难层、避难间安全避难；通过联动控制器可将电梯降到首层，放下防火卷帘门，关闭防火阀，使火灾限制在一定区域内。消防联动报警系统原理如图1—2所示。

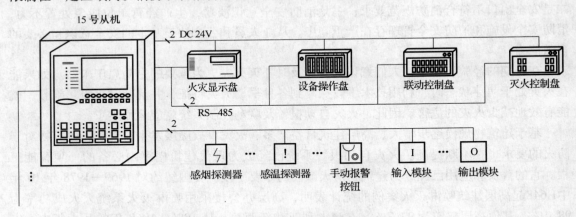

图1—2　消防联动报警系统原理图

目前的火灾探测技术不但能报出楼内火警所在的位置，还能分辨出是哪一个装置在报警以及消防系统的处理方式等，有助于更正确地进行消防工作。智能消防系统还可共用楼内的照明、配电、广播与电梯等装置，通过中控系统进行联动控制，增加火灾防控的范围和效果。

三、火灾自动报警系统的发展

在许多发达国家，火灾自动报警系统的使用相当普遍。从 20 世纪 80 年代开始，随着我国建筑产业持续升温，带动了我国火灾自动报警系统的研究。

火灾自动报警及联动控制技术经历了多线制、总线制、分布智能式等不同的发展阶段。随着电子工业和计算机工业的深入发展，探测器从最初的开关量型发展到模拟量型，直到发展为分布智能型。报警控制技术也从多线制编码，发展到总线制编码和智能化地址编码。技术的不断改进，提高了火灾自动报警系统的可靠性。

火灾自动报警系统的设计既要符合国家标准的规定，同时也要适应建筑智能化系统集成的要求。按照设计规范的要求，火灾自动报警系统应为一个独立的系统。目前，在许多楼宇自动化系统设计中，都要求火灾自动报警系统向楼宇自动化系统发送信号。发生火灾时，火灾自动报警系统虽然向楼宇自动化系统发出火警信号，但火灾消防的专用设备仍通过消防控制系统专用通信总线，进行独立控制。随着智能建筑技术的发展，将火灾自动报警和联动系统完全纳入楼宇自动化系统中去直接控制，是未来将要面对的课题。

模块二　火灾自动报警系统识图

知识技能要求
1. 掌握常见的消防图例符号。
2. 了解火灾自动报警系统相关设计规范和标准。

一、常用火灾自动报警系统图例符号

认识并记忆消防图样中常见的图例符号有助于识读图样。火灾自动报警系统图例见表1—1。

表 1—1 　　　　　　　　　　　　**火灾自动报警系统图例**

序号	图例	名称	序号	图例	名称
1	⚡	感烟探测器	10	SI	短路隔离器
2	⚡N	非编码感烟探测器	11	P	压力开关
3	!	感温探测器	12	Y	手动报警按钮
4	!N	非编码感温探测器	13	Y⊙	带手动报警按钮的火灾电话插孔
5	↙	可燃气体探测器	14	Y	消火栓启泵按钮
6	△	感光火焰探测器	15	⊼	火灾警铃
7	O	输出模块	16	⊡	火灾光报警器
8	I	输入模块	17	⊟	火灾声/光报警器
9	I/O	输入/输出模块	18	⊡	火灾报警电话机

序号	图例	名称	序号	图例	名称
19	⊠M	电磁阀	29	T 温度	温度传感器
20	—∞	风扇,示出引线	30	H 湿度	湿度传感器
21	M	电动机	31	P 压力	压力传感器
22	G	发电机	32	ΔP 压差	压差传感器
23	HM	热能表	33	C	集中型火灾报警控制器
24	GM	燃气表	34	Z	区域型火灾报警控制器
25	WM	水表	35	FI	楼层显示器
26	W·h	电度表	36	RS	防火卷帘门控制器
27	◺	窗式空调器	37	RD	防火门磁释放器
28	⊡	风机盘管	38	M	模块箱

二、系统图、平面图识读

火灾自动报警及联动控制系统图主要由系统图和平面图组成,图中设备用图形符号表示。读图时先应熟悉图中列出的图形符号及其含义,才能更顺利地阅读图纸。此外,火灾报警联动系统的结构较为复杂,涉及的知识内容也较多,建议读图时参照相关国家规范以有助于理解。

国家有关的主要设计规范和标准有:《火灾自动报警系统设计规范》(GB 50116—2008)、《建筑设计防火规范》(GB 50016—2006)、《高层民用建筑设计防火规范》〔GB 50045—95(2005 年版)〕、《全国民用建筑工程设计技术措施 – 电气》(2003 年版)、《自动喷水灭火系统设计规范》(GB 50084—2001)。

图 1—3 是某住宅楼的火灾自动报警及联动控制系统图。从图中显示,该住宅楼地上 9 层(1F、2F、…、8F、RF)地下两层(B1F、B2F),火灾自动报警系统的保护等级为二级,消防负荷供电采用双电源末端自投,采用集中报警保护方式设防。

消防控制中心设于地下二层,各层消防报警及联动信号均引至消防控制中心。火灾自动报警系统及消防联动控制系统选用智能总线式设备。

本工程中各层均设置感烟探测器。图 1—4 所示为首层电气消防平面图。从图中显示,各层楼梯出口及适当位置设置火灾声光警报器、手动报警按钮及对讲电话插孔,火灾声光警报器距地 2.4 m,手动报警按钮及对讲电话插孔底距地 1.4 m。消火栓内设消火栓按钮,该按钮接线盒设在消火栓开门侧。控制模块和监视模块分散安装于被控设备附近,火灾报警线路穿钢管暗敷,线路均预埋 SC15 钢管。从系统图和平面图可以看出,由于探测器带有地址编码,所以各个模块间采用串联,安装并不复杂。

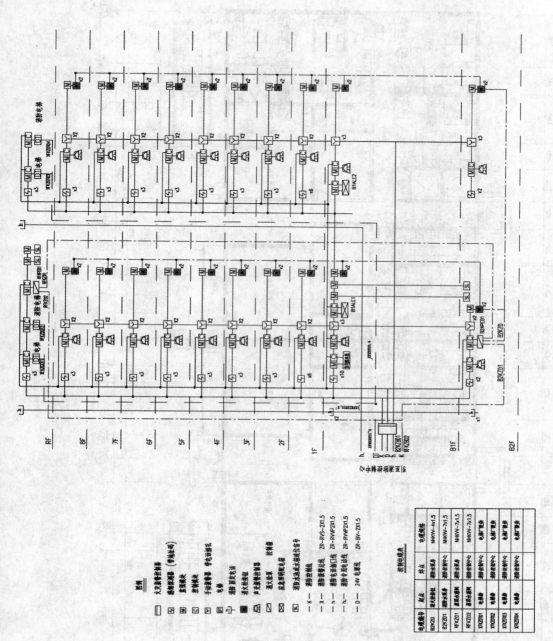

图1—3 火灾报警系统图

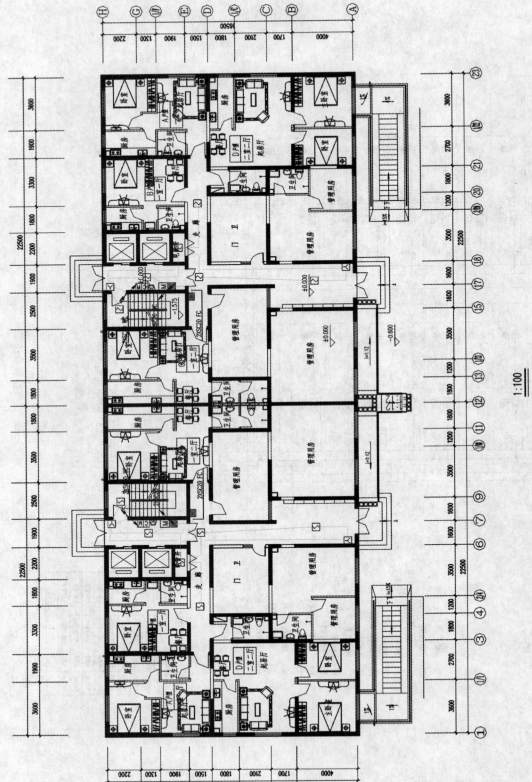

图 1—4 首层电气消防平面图

1:100

模块三　火灾探测器的分类及适用场合

知识技能要求

1. 了解火灾探测器的型号代码，熟悉火灾探测器的分类。
2. 能够选择和安装探测器。

火灾探测器是构成火灾自动报警系统的核心部件，它是火灾自动探测系统的传感部分，能产生并在现场发出火灾报警信号，或向控制和指示设备发出现场火灾状态信号。它的工作状态将直接影响整个消防系统的运行。

一、火灾探测器的分类

火灾探测器因为其在火灾报警系统中用量最大，同时又是整个系统中最早发现火情的设备，因此地位非常重要，其种类较多。

1. 按探测火灾参数分类

火灾探测器按探测火灾参数的不同，可以划分为感温、感烟、感光、可燃气体等几大类。复合式火灾探测器同时具有两个或两个以上火灾参数的探测能力，目前较多使用的是烟温复合式火灾探测器。

（1）感温火灾探测器（见图1—5）。响应警戒范围内某一点或某一线路周围温度变化的探测器，又可分为定温火灾探测器（温度达到或超过预定值时响应的火灾探测器）、差温火灾探测器（升温速率超过预定值时响应的感温火灾探测器）、差温与定温火灾探测器（兼有差温、定温两种功能的感温火灾探测器）。感温火灾探测器采用不同的敏感元件，如热敏电阻、热电偶、双金属片、易熔金属、膜盒和半导体等，按照感温元件又可派生出各种感温火灾探测器。

（2）感烟火灾探测器（见图1—6）。响应警戒范围内某一点或某一线路周围烟雾浓度的探测器。由于它能探测物质燃烧初期所产生的气溶胶或烟雾粒子浓度，因此，有的国家称其为"早期发现"探测器。气溶胶或烟雾粒子可以改变光强、减小电离室的离子电流以及改变空气电容器的介电常数、半导体的某些性质等。由此，感烟火灾探测器又可分为离子型、光电型、电容式和半导体型等几种。其中，光电型感烟火灾探测器按动作原理的不同，还可以分为减光型（利用烟雾粒子对光路遮挡的原理）和散光型（利用烟雾粒子对光散射的原理，其组成见图1—7）两种。

图1—5　感温探测器

图1—6　感烟探测器

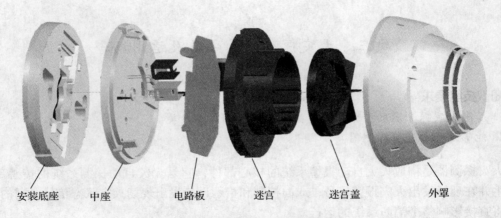

安装底座　　　中座　　　电路板　　　迷宫　　　迷宫盖　　　外罩

图1—7　散光型光电感烟探测器的组成

（3）感光火灾探测器（见图1—8）。感光火灾探测器又称为火焰探测器，是一种响应火焰辐射出的红外线、紫外线、可见光的火灾探测器，主要有红外火焰型和紫外火焰型两种。紫外线探测器对火焰发出的紫外光产生反应；红外线探测器对火焰发出的红外光产生反应，而对灯光、太阳光、闪电、烟尘和热量均不反应。按火灾的规律，发光是在烟的生成及高温之后，因而感光火灾探测器属于火灾晚期探测器，但对于易燃、易爆物有特殊的作用。

（4）可燃气体火灾探测器（见图1—9）。这是一种响应燃烧或热解产生的气体的火灾探测器。在易燃易爆场合中主要探测气体（粉尘）的浓度，一般调整在爆炸下限浓度的1/6～1/5时报警。用做气体火灾探测器探测气体（粉尘）浓度的传感元件主要有铂丝、铂钯（黑白元件）和金属氧化物半导体（如金属氧化物、钙钛晶体和尖晶石）等。

图1—8　感光火灾探测器

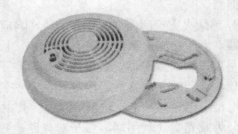

图1—9　可燃气体火灾探测器

2. 按结构造型分类

火灾探测器按探测范围不同，可分为点型和线型两大类。

（1）点型火灾探测器。它是探测某一点周围火灾参数的火灾探测器，大多数火灾探测器属于点型火灾探测器。例如离子型感烟探测器，它以探测器自身为圆心，对一定半径范围内的区域进行探测。

（2）线型火灾探测器。这是一种探测某一连续线路周围的火灾参数的火灾探测器。例如红外光束感烟探测器为线型探测器，其中一个为发光器，另一个为接收器，中间形成光束区。当有烟雾进入光束区时，因为接收的光束衰减，从而发出报警信号。

3. 按使用环境分类

火灾探测器按使用环境不同,可分为陆用型、船用型、防爆型、耐酸型、耐碱型、耐寒型等几类。

(1)陆用型。一般用于内陆、无腐蚀性气体的环境,其使用温度范围为 -10 ~ 50℃,相对湿度在85%以下。在现有产品中,凡没有注明使用环境的都为陆用型。

(2)船用型。船用型火灾探测器主要用于舰船上,也可用于其他高温、高湿的场所,其特点是耐高温、高湿,在50℃以上的高温和90% ~ 100%的高湿环境中,可以长期正常工作。

(3)防爆型。该火灾探测器适用于易燃易爆场合,其结构符合国家防爆有关规定。

(4)耐酸型。该火灾探测器不受酸性气体的腐蚀,适用于空间经常停滞有较多酸性气体的工厂区。

(5)耐碱型。该火灾探测器不受碱性气体的腐蚀,适用于空间经常停滞有较多碱性气体的场合。

(6)耐寒型。这种火灾探测器的特点是耐低温,它能在 -40℃以下的高寒环境中长期正常工作,适用于北方无采暖的仓库和冬季平均温度低于 -10℃的地区。

4. 按输出信号类型或信号处理方式分类

(1)开关量火灾探测器。这种探测器在内部的电路设计中,提前设定一个报警阈值,当火灾参数达到报警阈值时,探测器的报警电路接通,探测器进入报警状态,报警信号被传送到报警控制器。

(2)模拟量探测器。这种探测器通过内部电路将火灾参数传送给火灾报警控制器,通过在控制器上设置报警阈值来确定是否报警。这样在工程应用上比较灵活,可以根据现场的环境在控制器端调节报警阈值。

(3)智能火灾探测器。这种探测器内置了微处理器MCU,通过内置的火灾模型分析程序对现场的环境进行初步的分析,极大地降低了火灾误报的概率。

(4)编码火灾探测器。报警控制器需要在两根回路总线上连接多个探测器,需要对每个探测器设置一个地址,以便于控制器识别,这样的探测器称做编码探测器。现在大多数的探测器都是编码探测器,如图1—10所示。

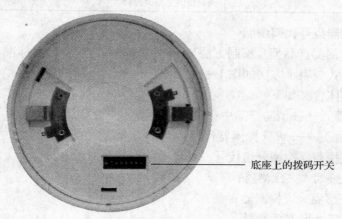

底座上的拨码开关

图1—10 编码火灾探测器

表1—2是常见火灾探测器的性能对比表,通过此表可以了解它们的特点。

表1—2 常见探测器性能表

火灾探测器种类名称			探测器性能	
感烟火灾探测器	定点型	离子感烟式	及时探测火灾初期烟雾,报警功能良好。可探测微小颗粒(油漆味、烤焦味,均能反应并引起探测器动作;当风速大于 10 m/s 时不稳定,甚至引起误动作)	
		光电感烟式	对光电敏感,适用于特定场合。附近有过强红外光源时可导致探测器不稳定;其使用寿命较离子感烟式短	
感温火灾探测器	缆式线型感温电缆		火灾早、中期产生一定温度时报警,且较稳定。适用于不可采用感烟探测器、非爆炸性场所、允许一定损失的场所选用	不以明火或温升速率报警,而是以被测物体温度升高到某定值时报警
	定温式	双金属片定温		它只以固定限度的温度值发出火警信号,允许环境温度有较大变化而工作比较稳定,但火灾引起的损失较大
		热敏电阻定温		
		半导体定温		
		易熔合金定温		
	差温式	双金属片差温式		适用于早期报警,它以环境温度升高速率为动作报警参数,当环境温度达到一定要求时,发出报警信号
		热敏电阻差温式		
		半导体差温式		
	差定温式	膜盒差定温式		具有感温探测器的一切优点而又比较稳定允许一定爆炸场所使用
		热敏电阻差定温式		
		半导体差定温式		
感光火灾探测器	紫外线火焰式		监测微小火焰发生,灵敏度高,对火焰反应快,抗干扰能力强	
	红外线火焰式		能在常温下工作。对任何一种含碳物质燃烧时产生的火焰都能反应。对恒定的红外辐射和一般光源(如灯泡、太阳光和一般的热辐射,X射线、γ射线)都不起反应	
可燃气体探测器			探测空气中可燃气体,含量超过一定数值时报警	
复合型探测器			它是全方位火灾探测器,综合各种长处,用于各种场合,能实现早期火情的全范围报警	

二、火灾探测器型号代码编制

根据《火灾探测器产品型号编制方法》(GA/T 227—1999)行业标准,我国火灾探测器的型号代码编制格式与表示方法如图1—11所示。

各位字母的具体含义如下:

第1位:J(警)——消防产品中火灾报警设备分类代号。

第2位:T(探)——火灾探测器代号。

第3位:火灾探测器类型分组代号,具体表示方法如下:

Y(烟)——感烟火灾探测器;

W(温)——感温火灾探测器;

G(光)——感光火灾探测器;

Q(气)——气体敏感火灾探测器;

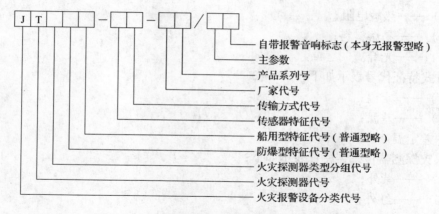

图 1—11　火灾探测器的型号代码编制分类规则

T（图）——图像摄像方式火灾探测器；

S（声）——感声火灾探测器；

F（复）——复合式火灾探测器。

第 4 位：应用范围特征表示法。

B（爆）——防爆型（型号中无"B"代号即为非防爆型，其名称亦无须指出"非防爆型"）。

第 5 位：应用范围特征表示法。

C（船）——船用型（型号中无"C"代号即为陆用型，其名称中亦无须指出"陆用型"）。

第 6 位：传感器特征表示法。

感烟火灾探测器传感器特征表示如下：

L（离）——离子；

G（光）——光电；

H（红）——红外光束；

LX——吸气型离子感烟火灾探测器；

GX——吸气型光电感烟火灾探测器。

感温火灾探测器传感器特征表示如下：感温传感器特征由两个字母表示，前一个字母为敏感元件特征代号，后一个字母为敏感方式特征代号。

敏感元件特征代号表示如下：

M（膜）——膜盒；

S（双）——双金属片；

Q（球）——玻璃球；

G（管）——空气管；

L（缆）——热敏电缆；

O（偶）——热电偶，热电堆；

B（半）——半导体；

Y（银）——水银接点；

Z（阻）——热敏电阻；

R（熔）——易熔材料；

X（纤）——光纤。

敏感方式特征代号表示如下：

D（定）——定温；

C（差）——差温；

O ——差定温。

感光火灾探测器传感器特征表示如下：

Z（紫）——紫外；

H（红）——红外；

U ——多波段。

气体敏感火灾探测器传感器特征表示如下：

B（半）——气敏半导体；

C（催）——催化。

图像摄像方式火灾探测器、感声火灾探测器传感器特征此处省略。

复合式火灾探测器传感器特征表示如下：复合式火灾探测器是对两种或两种以上火灾参数响应的火灾探测器。复合式火灾探测器的传感器特征用组合在一起的火灾探测器类型分组代号或传感器特征代号表示。列出传感器特征的火灾探测器用其传感器特征表示，其他用火灾探测器类型分组代号表示，感温火灾探测器用其敏感方式特征代号表示。

第7位：传输方式表示法。

W（无）——无线传输方式；

M（码）——编码方式；

F（非）——非编码方式；

H（混）——编码、非编码混合方式。

第8位：厂家及产品代号表示法。

厂家及产品代号为4~6位，前两位或三位使用厂家名称中有代表性的汉语拼音字母或英文字母表示厂家代号，其后用阿拉伯数字表示产品系列号。

第9位：主参数及自带报警声响标志表示法。

定温、差定温火灾探测器用灵敏度级别或动作温度值表示。

差温火灾探测器、感烟火灾探测器的主参数无须反映。

其他火灾探测器用能代表其响应特征的参数表示。

复合火灾探测器主参数如为两个以上，其间用"/"隔开。

例如，型号为 JTY - L2 - 1451 的探测器代表点型离子感烟火灾探测器。

三、探测器种类的选择

火灾探测器的选用和设置，是构建火灾自动报警系统的重要环节，直接影响火灾自动报警系统的整体运行。依照《火灾自动报警系统设计规范》和《火灾自动报警系统施工、验收规范》，火灾探测器的选用应考虑探测区域内的环境条件、火灾特点、房间高度、安装场所的气流状况等，选用适宜类型的探测器或几种探测器的组合。

1. 根据火灾特点、环境条件及安装场所确定探测器的类型普通可燃物燃烧由阴燃阶段、充分燃烧阶段和衰减阶段3个阶段构成。阴燃阶段是指没有火焰的燃烧阶段，由于前期燃烧的温度不够高，所以燃烧并不充分，会产生大量的烟雾；充分燃烧阶段是指温度升高到一定值时，环境中的可燃物质会充分燃烧并产生火焰，火灾也就进入了物质充分燃烧阶段，温度升高至顶点；衰减阶段是指当火场温度下降到其最高温度的80%时，火灾便进入了它的衰减期，可燃物已基本燃尽，火势会渐渐退去。

根据以上对火灾特点的分析，对探测器选择如下：

（1）火灾初期的阴燃阶段，产生大量的烟雾和少量的热，很少或没有火焰辐射，应选用感烟探测器（正常情况下有烟的场所、经常有粉尘等固体及水蒸气的场所不适用感烟探测器）。

（2）在充分燃烧阶段会产生大量热、烟和火焰辐射，可选用感温探测器、感烟探测器、火焰探测器或其组合。

（3）在充分燃烧阶段有强烈的火焰辐射和少量的烟、热，应选用感光探测器。

（4）对使用、生产或聚集可燃气体蒸气的场所或部位，应选用可燃气体探测器。

通过实践，感烟探测器因具有稳定性好、误报率低、使用寿命长、结构紧凑、保护面积大等优点而得到广泛应用。因为火灾发生的环境也根据实际情况有其复杂性，所以为了提高火灾防范的效果，多种探测器配合使用是最好的选择。点型火灾探测器和线型火灾探测器的选择见表1—3和表1—4。

表1—3　　　　　　　　　　　　　**点型火灾探测器的选择**

序号	探测器	适用场所	不适用场所
1	点型感烟探测器	饭店、旅馆、教学楼、办公楼的厅堂、卧室、办公室等；电子计算机房、通信机房、电影或电视放映室等；楼梯、走道、电梯机房等；书库、档案库等；有电气火灾危险的场所	
2	离子感烟探测器		相对湿度经常大于95%；气流速度大于5 m/s；有大量粉尘、水雾滞留；可能产生腐蚀性气体；在正常情况下有烟滞留；产生醇类、醚类、酮类等有机物质等的环境
3	光电感烟探测器		可能产生黑烟；有大量粉尘、水雾滞留；可能产生蒸汽和油雾；在正常情况下有烟滞留的场所
4	感温探测器	相对湿度经常大于95%；无烟火灾；有大量粉尘；在正常情况下有烟和蒸汽滞留；厨房、锅炉房、发电机房、烘干车间等；吸烟室等；其他不宜安装感烟探测器的厅堂和公共场所	可能产生阴燃火或发生火灾不及时报警将造成重大损失的场所
5	定温探测器		温度在0℃以下的场所
6	差温探测器		温度变化较大的场所

序号	探测器	适用场所	不适合场所
7	感光探测器	火灾时有强烈的火焰辐射；液体燃烧火灾等无阴燃阶段的火灾；需要对火焰做出快速反应的场所	可能发生无焰火灾；在火焰出现前有浓烟扩散；探测器的镜头易被污染；探测器的"视线"易被遮挡；探测器易受阳光或其他光源直接或间接照射；在正常情况下有明火作业以及 X 射线、弧光等影响的场所
8	可燃气体探测器	使用管道煤气或天然气的场所；煤气站和煤气表房以及存储液化石油气罐的场所；其他散发可燃气体和可燃蒸气的场所；有可能产生一氧化碳气体的场所，宜选择一氧化碳气体探测器	装有联动装置、自动灭火系统以及用单一探测器不能有效确认火灾的场合；宜采用感烟探测器、感温探测器、火焰探测器（同类型或不同类型）的组合

表1—4   **线型火灾探测器的选择**

序号	探测器	适用场所
1	红外光束感烟探测器	无遮挡大空间或有特殊要求的场所
2	缆式线型定温探测器	电缆隧道、电缆竖井、电缆夹层、电缆桥架等；配电装置、开关设备、变压器等；各种皮带输送装置；控制室、计算机室的闷顶内、地板下及重要设施隐蔽处等；其他环境恶劣不适合点型探测器安装的危险场所
3	空气管式线型差温探测器	可能产生油类火灾且环境恶劣的场所；不易安装点型探测器的夹层、闷顶

2. 根据房间高度选择探测器

由于各种探测器特点各异，其适用房间高度也不一致，为了使选择的探测器能更有效地达到保护目的，表1—5列举了几种常用探测器对房间高度的要求。

表1—5   **常用探测器对房间高度的要求**

房间高度 h（m）	感烟探测器	感温探测器			感光探测器
		一级	二级	三级	
$12 < h \leqslant 20$	不适合	不适合	不适合	不适合	适合
$8 < h \leqslant 12$	适合	不适合	不适合	不适合	适合
$6 < h \leqslant 8$	适合	适合	不适合	不适合	适合
$4 < h \leqslant 6$	适合	适合	适合	不适合	适合
$h \leqslant 4$	适合	适合	适合	适合	适合

在按房间高度选用探测器时，应注意这仅仅是按房间高度对探测器选用的大致划分，具体尚需结合火灾的危险程度和探测器本身的灵敏度来选用。如判断不准时，需做模拟试验后确定。

四、探测器数量的确定

在实际工程中房间功能及探测区域大小不一，房间高度、坡度也各异，根据《火灾自动报警系统设计规范》规定：探测区域的每个房间至少应设置一只火灾探测器。下面介绍什么是探测区域，以及在不同区域中如何计算探测器数量。

1. 探测区域

探测区域是指将报警区域按部位划分的单元。一个报警区域通常面积比较大，为了快速、准确、可靠地探测出被探测范围的哪个部位发生火灾，有必要将被探测范围划分成若干区域，这就是探测区域。探测区域亦是火灾探测器探测部位编号的基本单元。探测区域可是一只或多只探测器所组成的保护区域。

（1）通常探测区域是按独立房（套）间划分的，一个探测区域的面积不宜超过 500 m²。在一个面积比较大的房间内，如果从主要入口能看清其内部，且面积不超过 1 000 m²，也可划分为一个探测区域。

（2）符合下列条件之一的非重点保护建筑，可将整个房间划分成一个探测区域：

1）相邻房间不超过 5 个，总面积不超过 400 m²，并在每个门口设有灯光显示装置。

2）相邻房间不超过 10 个，总面积不超过 1 000 m²，在每个房间门口均能看清其内部，并在门口设有灯光显示设置。

（3）下列场所应分别单独划分探测区域：

1）敞开和封闭楼梯间。

2）防烟楼梯间前室、消防电梯间前室、消防电梯与防烟楼梯间合用的前室。

3）走道、坡道、管道井、电缆隧道。

4）建筑物闷顶、夹层。

（4）为了较好地显示火灾自动报警部位，一般以探测区域作为报警单元。但对非重点建筑，当采用非总线制时，亦可考虑以分路为报警显示单元。

合理、正确地划分报警区域和探测区域，常能在火灾发生时，有效可靠地发挥防火系统报警装置的作用，在着火初期快速发现火情部位，及早投入消防灭火设施。

2. 探测器数量计算

一个探测区域内所设置探测器的数量应按下式计算：

$$N = S/(K \cdot A)$$

式中　N——1 个探测保护区域内所设置的探测器的数量，单位用"只"表示，N 应取整数（即小数进位取整数）；

S——1 个探测保护区域的地面面积，m²；

A——探测器的保护面积，m²，指一只探测器能有效探测的地面面积，由于建筑物房间的地面通常为矩形，因此，所谓"有效"探测的地面面积实际上是指探测器能探测到的矩形地面面积，探测器的保护半径 R（m）是指一只探测器能有效探测的单向最大水平距离；

K——安全修正系数，特级保护对象取 0.7 ~ 0.8，一级保护对象取 0.8 ~ 0.9，二级保护对象取 0.9 ~ 1.0。

选取时要根据设计者的实际经验，并考虑发生火灾对人和财产的损失程度、火灾危险性大小、疏散及扑救火灾的难易程度及对社会的影响大小等多种因素。

对于一个探测器而言，其保护面积和保护半径的大小与其类型、探测区域的面积、房间高度及屋顶坡度都有一定的联系。表 1—6 是两种常用的探测器保护面积、保护半径与其他参量的相互关系。

表 1—6   感烟探测器、感温探测器的保护面积和保护半径

火焰探测器的种类	地面面积 S（m²）	房间高度（m）	一只探测器的保护面积 A 和保护半径 R					
			房间坡度 θ					
			$\theta \leq 15°$		$15° < \theta \leq 30°$		$\theta > 30°$	
			A（m²）	R（m）	A（m²）	R（m）	A（m²）	R（m）
感烟探测器	$S \leq 80$	$h \leq 12$	80	6.7	80	7.2	80	8.0
	$S > 80$	$6 < h \leq 12$	80	6.7	100	8.0	120	9.9
		$h \leq 6$	60	5.8	80	7.2	100	9.0
感温探测器	$S \leq 30$	$h \leq 8$	30	4.4	30	4.9	30	5.5
	$S > 30$	$h \leq 8$	20	3.6	30	4.9	40	6.3

例：某高层写字楼办公区，其地面面积为 50 m × 100 m，房顶为平屋顶（即坡度为 0°，房间高度为 5 m，属于二级保护对象，试求：（1）应选用何种类型的探测器？（2）探测器的数量为多少只？

解：根据使用场所知选感烟或感温探测器均可，以选用感烟探测器为例进行计算。

因写字楼属二级保护对象，故 K 取 1，地面面积 $S = 50$ m × 100 m = 5 000 m² > 80 m²，房间高度 $h = 5$ m，即 $h \leq 6$ m，房顶坡度为 0° 即 $\theta < 15°$，于是根据 S、h、θ 查表 1—6 得，保护面积 A 为 60 m²，保护半径 $R = 5.8$ m。

$$N = 5\ 000 / (1 \times 60) = 84（只）$$

由上例可知：对探测器类型的确定必须全面考虑，确定了探测器的类型，探测器的数量也就确定了。

五、探测器的安装

数量确定之后如何布置及安装，要受到梁等特殊因素的影响，以下是相关规范的要求。

1. 探测器安装的一般规定

（1）探测区域内的每个房间至少应设置一只火灾探测器。

（2）在宽度小于 3.0 m 的走廊顶棚上设置探测器时，宜居中布置。感温探测器的安装间距应不超过 10 m，感烟探测器的安装间距应不超过 15 m。探测器至末端墙的距离应不大于探测器安装距离的一半。

（3）探测器至墙壁、梁边的水平距离应不小于 0.5 m。

（4）探测器周围 0.5 m 内不应有遮挡物。

（5）探测器与空调送风口边的水平距离应不小于 1.5 m，并应接近回风口安装，如图 1—12 所示。

（6）在顶棚较低（小于 2.2 m）且狭小（面积不大于 10 m²）的房间安装感烟探测器时，探测器宜设置在入口附近。

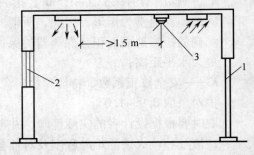

图 1—12　探测器在有空调的室内设置示意图
1—门　2—窗　3—探测器

（7）在楼梯间、走廊等处安装感烟探测器时，应设在不直接受外部风吹的位置。当采用光电感烟探测器时，应避开日光或强光直射的位置。

（8）在厨房、开水房、浴室等房间连接的走廊安装探测器时，应在距其入口边沿1.5 m处安装。

（9）在电梯井、未按每层封闭的管道井（竖井）等处安装火灾探测器时，应在最上层顶部安装。

（10）安装在顶棚上的探测器边缘，与下列设施的边缘水平间距应保持以下距离：

1）与照明灯具的水平距离应不小于0.2 m。

2）感温探测器距高温光源灯具（卤钨灯、功率大于100 W的白炽灯等）的净距应不小于0.5 m。

3）距电风扇的净距应不小于1.5 m。

4）距不突出的扬声器的净距应不小于0.1 m。

5）与各种自动灭火喷头的净距不小于0.3 m。

6）距多孔送风顶棚孔口的净距应不小于0.5 m。

7）与防火门、防火卷帘的间距一般在1～2 m的适当位置。

（11）在梁突出顶棚的高度小于200 mm的顶棚上设置感烟、感温探测器时，可不考虑探测器保护面积的影响。当梁突出顶棚的高度超过600 mm时，被梁隔断的每个梁间区域应至少设置一个探测器。当被梁隔断的区域面积超过一只探测器的保护范围时，应将被隔断的区域视为一个探测区。

（12）探测器宜水平安装，若必须倾斜安装时，倾斜角不宜大于45°。

（13）报警区域内每个防火区应至少设置一只手动报警按钮。从一个防火分区的任何位置到最邻近的一个手动报警按钮的步行距离不宜大于30 m。

2. 探测器安装工艺

（1）技术特性

1）工作电压。信号总线电压：总线24 V，允许范围：16～28 V。

2）工作电流。监视电流≤0.6 mA，报警电流≤1.8 mA。

3）指示灯。报警确认灯，红色，巡检时闪烁，报警时常亮。

4）编码方式：电子编码（编码范围为1～242）。

5）保护面积：当空间高度为6～12 m时，一个探测器的保护面积对一般保护场所而言为80 m^2。空间高度为6 m以下时，保护面积为60 m^2。具体参数应以《火灾自动报警系统设计规范》（GB 50116—2008）为准。

6）线制：信号二总线无极性。

（2）安装。探测器的安装示意如图1—13所示。安装探测器之前，应切断回路的电源并确认全部底座已安装牢固。

探测器的底座上有4个导体片，片上带接线端子，底座上不设定位卡，便于调整探测器报警确认灯的方向，如图1—14所示。布线管内的探测器总线分别接在任意对角的两个接线端子上（不分极性），另一对导体片用来辅助固定探测器，如图1—15所示。

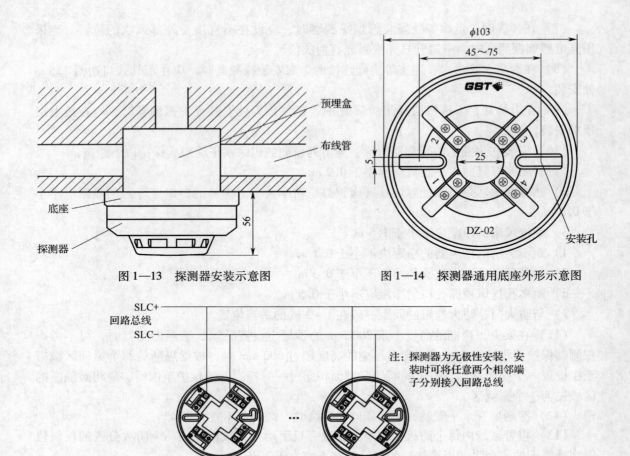

图 1—13　探测器安装示意图　　　　图 1—14　探测器通用底座外形示意图

图 1—15　探测器底座接线示意图

　　待底座安装牢固后，将探测器底部对正底座顺时针旋转，即可将探测器安装在底座上。

　　探测器报警确认灯应朝向便于人员观察的主要入口方向。探测器底座的穿线孔宜封堵，安装完毕的探测器底座应采取保护措施。探测器在即将调试时方可安装，安装前应妥善保管，并应采取防尘、防潮、防腐蚀等措施。

　　（3）布线。探测器二总线宜选用截面积≥1.0 mm^2 的 RVS 双绞线，穿金属管或阻燃管敷设。探测器的接线应按设计和厂家要求接线，但"＋"线应为红色，"－"线应为蓝色或黑色，其余线根据不同用途采用其他颜色区分，但同一工程中相同用途的导线颜色应一致。

模块四　火灾现场报警装置输入/输出模块设置

知识技能要求

1. 了解各种模块的技术特征。
2. 掌握安装与布线方法。

一、输入模块设置

在消防报警设备中，有些设备自身可以发出报警信号，但由于所发信号是开关量，不具有地址编码信息，致使接收信号的控制器无法判断信号来源。输入模块用于接收消防联动设备输入的常开或常闭开关量信号，并将联动设备的地址编码和状态传回火灾报警控制器（联动型）。输入模块主要用于配接现场各种主动型设备，如水流指示器、压力开关、位置开关、信号阀及能够送回开关信号的外部联动设备等。这些设备动作后，输出的动作信号可由输入模块通过信号二总线送入火灾报警控制器而产生报警。在此以 GST – LD – 8300 输入模块（见图1—16，以下简称模块）为例进行介绍。

1. 技术特性

（1）工作电压。信号总线电压：总线 24 V，允许范围：16 ~ 28 V，工作电流≤1 mA。

（2）编码方式。电子编码方式，占用一个总线编码点，编码范围可在 1 ~ 242 任意设定。

（3）线制。与火灾报警控制器的信号二总线无极性连接。

（4）输入方式。常开检线时线路发生断路（短路为动作信号）、常闭检线输入时输入线路发生短路（断路为动作信号），模块将向控制器发送故障信号。

图1—16　GST – LD – 8300
输入模块

2. 安装与布线

模块采用明装方式，底壳与模块间采用插接式结构安装，安装时只需拔下模块，从底壳的进线孔中穿入电缆并接在相应的端子上，再插好模块即可。

模块采用线管预埋安装，将底壳安装在 86H50 型预埋盒上，安装孔距为 60 mm，安装如图1—17、图1—18 所示。

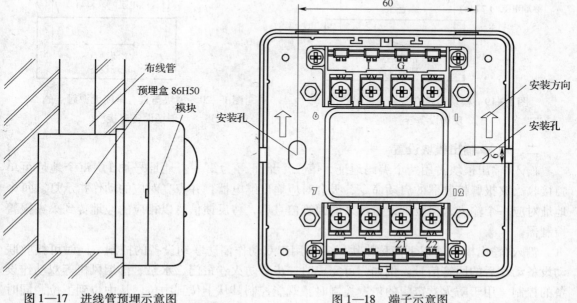

图1—17　进线管预埋示意图　　　　　　　　图1—18　端子示意图

接线说明如下：

Z1、Z2：接控制器两总线，无极性。

I、G：与设备的无源常开触点（设备动作闭合报警型）连接，也可通过电子编码器设置为常闭输入。

布线要求：信号总线 Z1、Z2 采用 RVS 型双绞线，截面积≥1.0 mm^2；I、G 采用 RV 线，截面积≥1.0 mm^2。

3. 测试

在注册完成且在监测状态下模块正常时，让模块所配接的设备发出动作信号或给模块输入一个模拟的动作信号，模块能正确接收并将动作信息传到火灾报警控制器，动作指示灯点亮；当动作信号撤销时，动作指示灯熄灭，模块上报正常信息；当模块输入设定参数设为"常开检线"输入时，输入线出现断路故障时，模块能上报故障信息；当模块输入设定参数设为"常闭检线"输入时，输入线出现短路故障时，模块能上报故障信息。如上述几种情况均正常，则说明模块工作正常。

4. 应用方法

模块与具有常开无源触点的现场设备的连接方法如图 1—19 所示。

模块与具有常闭无源触点的现场设备的连接方法如图 1—20 所示。

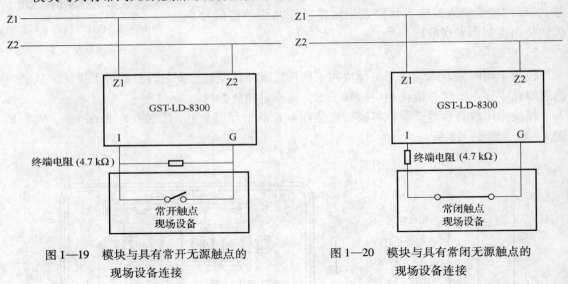

图 1—19　模块与具有常开无源触点的　　　　图 1—20　模块与具有常闭无源触点的
　　　　　现场设备连接　　　　　　　　　　　　　　　现场设备连接

二、输入/输出模块设置

输入/输出模块占用两个编码地址，第二个地址号为第一个地址号加 1。每个地址可单独接收火灾报警控制器的启动命令，吸合对应输出继电器，并点亮对应的动作指示灯。每个地址对应一个输入，接收到设备传来的回答信号后，将反馈信息以相应的地址传到火灾报警控制器。

输入/输出模块（以下简称模块）主要用于双动作消防联动设备的控制，同时可接收联动设备动作后的回答信号。例如，可完成对二步降防火卷帘门、水泵、排烟风机等双动作设备的控制。用于防火卷帘门的位置控制时，既能控制其从上位到中位、从中位到下位，同时也能确认是处于上、中、下的哪一位。

提供两组有源输出。两组输入端可现场分别设为常开检线、常闭检线或自回答方式，可与无源触点连接。输入、输出具有检线功能。占用两个地址，地址码为电子编码，可由电子编码器事先写入，也可由控制器直接更改，工程调试简便可靠。下面以 GST – LD – 8301 输入/输出模块（见图1—21）为例予以介绍。

1. 技术特性

（1）工作电压。信号总线电压：总线 24 V，允许范围：16～28 V。电源总线电压：DC 24 V，允许范围：DC 20～28 V。

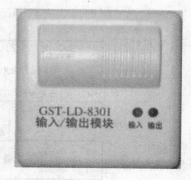

图1—21　GST – LD – 8301
输入/输出模块

（2）工作电流。总线监视电流≤1 mA，总线启动电流≤4 mA；电源监视电流≤6 mA，电源启动电流≤35 mA。

（3）输入检线。常开检线时线路发生断路（短路为动作信号）、常闭检线输入时输入线路发生短路（断路为动作信号），模块将向控制器发送故障信号。

（4）输出检线。输出线路发生短路、断路，模块将向控制器发送故障信号。

（5）输出容量。输出容量为 DC 24 V/1 A（两组输出最大容量之和为 DC 24 V/1 A）。

（6）输出控制方式。脉冲、电平（继电器常开/常闭无源触点输出，脉冲启动时继电器吸合时间为 10 s）。

（7）指示灯。红色（输入指示灯：巡检时闪亮，动作时常亮；输出指示灯：启动时常亮）。

（8）编码方式。电子编码方式，占用两个总线编码点，第二个编码点为第一个编码点加1，第一个编码点的编码范围可在 1～241 任意设定。

（9）线制。与火灾报警控制器采用无极性信号二总线连接，与电源线采用无极性二线制连接。

2. 安装与布线

模块输入端如果设置为"常开检线"状态输入，模块输入线末端（远离模块端）必须并联一个 4.7 kΩ 的终端电阻；模块输入端如果设置为"常闭检线"状态输入，模块输入线末端（远离模块端）必须串联一个 4.7 kΩ 的终端电阻。

模块为有源输出时，有源输出端应并联一个 4.7 kΩ 的终端电阻，并串联一个 1N4007 二极管。

模块与控制设备的接线示意图如图1—22（无源常开输入）、图1—23（无源常闭输入）所示。

模块采用明装方式，底壳与模块间采用插接式结构安装，安装时只需拔下模块，从底壳的进线孔中穿入电缆并接在相应的端子上，再插好模块即可安装好模块。

模块端子示意图如图1—24 所示。

接线说明如下：

Z1、Z2：接火灾报警控制器两总线，无极性。

D1、D2：DC 24 V 电源，无极性。

I1、G：第一路无源输入端。

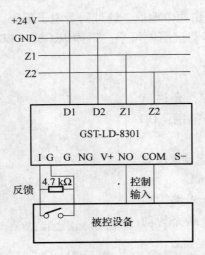
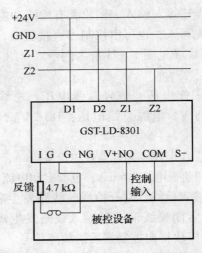

图1—22 无源常开输入模块与　　　　图1—23 无源常闭输入模块与
　　　控制设备的接线示意图　　　　　　　控制设备的接线示意图

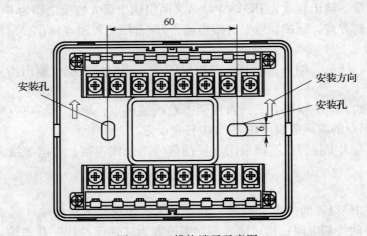

图1—24　模块端子示意图

I2、G：第二路无源输入端。

S1＋、S1－：第一路有源输出端子。

S2＋、S2－：第二路有源输出端子。

模块与防火卷帘门电气控制箱（标准型）接线示意图如图1—25所示。

三、输出模块设置

　　为了满足消防联动控制标准，输出模块通过接收火灾报警控制器的指令，可以对现场的消防联动设备（如警铃、排烟阀、送风阀、防火卷帘门、消防泵、风机等）进行控制，还可以将消防联动设备动作的信号反馈回火灾报警控制器。

　　下面以GST－LD－8305输出模块（以下简称模块）为例进行介绍，如图1—26所示。此模块用于总线制消防广播系统中正常广播和消防广播间的切换。模块在切换到消防广播后自回答，并将切换信息传回火灾报警控制器，以表明切换成功。

　　1. 技术特性

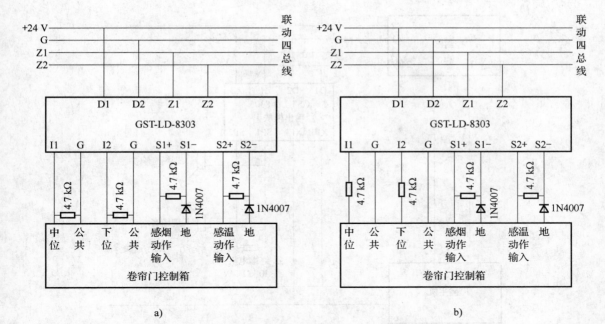

图1—25 模块与防火卷帘门电气控制箱（标准型）接线示意图

a）无源常开检线输入 b）无源常闭检线输入

（1）工作电压。信号总线电压：总线24 V，允许范围：16～28 V。电源总线电压：DC 24 V，允许范围：DC 20～28 V。

（2）工作电流。总线监视电流≤1 mA，总线启动电流≤3 mA；电源监视电流≤2 mA，电源启动电流≤30 mA。

（3）输出容量。每只模块最多可带负载60 W。

（4）动作指示灯。红色（巡检时闪亮，动作时常亮）。

（5）编码方式。电子编码方式，占用一个总线编码点，编码范围可在1～242任意设定。

（6）线制。与控制器的信号二总线和电源二总线连接；可接入两根正常广播线、两根消防广播线及两根音响线。

图1—26 GST－LD－8305输出模块

2. 安装与布线

图1—27所示为典型的输出模块接线图。

模块端子接线说明如下：

D1、D2：DC 24 V电源，无极性。

Z1、Z2：信号总线输入端，无极性。

ZC1、ZC2：正常广播线输入端子。

XF1、XF2：消防广播线输入端子。

SP1、SP2：与广播音响连接的输出端子。

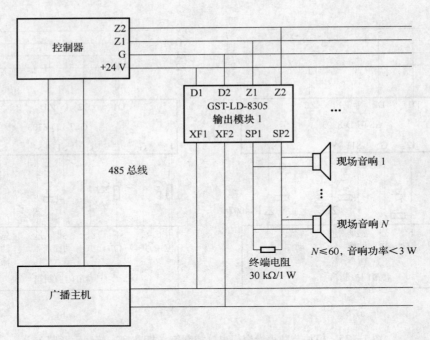

图 1—27　输出模块接线图

布线要求：Z1、Z2 可选用 RVS 双绞线，截面积不小于 1.0 mm²，DC 24 V 电源线应选用 BV 线，截面积≥1.5 mm²，正常广播线 ZC1、ZC2，消防广播线 XF1、XF2 及与广播音响连接的线 SP1、SP2 均采用 BV 线，截面积≥1.0 mm²。

警告：

（1）安装设备之前，请切断回路的电源并确认全部底壳已安装牢固且每一个底壳的连接线准确无误。

（2）在广播音响的末端（远离模块端）必须并联一个 30 kΩ/1 W 的终端电阻。

四、隔离模块设置

隔离模块能对回路总线中的短路故障做出隔离响应，广泛应用在火灾报警系统中。安装在系统中每个分支回路的前端（系统中，一般每 25 个地址单元使用一个），当其后的回路发生短路时，总线隔离模块可将该部分回路与总线隔离，保证系统内其余部分能正常工作。当故障排除后，总线隔离模块自动恢复正常，与总线隔离的部分自动恢复工作。总线隔离模块不占回路总线的地址。

短路隔离模块用于二总线火灾报警控制器的输入回路中，安装在每一个分支回路（20～30 只探测器）的前端，当回路中发生短路时，隔离器可将该部分回路与总线隔离，保证其余部分正常工作。下面以 HJ－1751 短路隔离模块为例进行介绍。

1. 工作原理

当报警控制总线输入回路中某处发生短路故障时，该处前端的短路隔离器动作，自动断开输出端总线回路，保证整个总线输入回路中其他部分能正常工作。受控于该短路隔离器的全部探测点在报警控制器上均呈现断线故障信号。当短路故障排除后，主机复位，短路隔离器自动恢复接通输出端总线回路。

2. 技术数据

（1）工作电压。DC 24～27.5 V，由报警控制器经总线提供。

（2）监控电流。1 mA。

（3）使用环境。温度：-10～50℃；相对湿度≤95%（40℃±2℃）。

（4）线制为二总线。

（5）外形尺寸：102 mm × 102 mm × 26 mm。颜色为大红色盒体，黑色标牌。质量为 0.1 kg。

3. 安装与接线

设备安装在 HJ－1701 接线端子箱内，利用短路隔离器底座上的安装孔（4～5）mm × 3 mm（长腰孔），用 M4 螺栓将其固定在端子安装底板中间（可安装两只短路隔离器）。或利用短路隔离器底座上的安装孔（4～5）mm × 3 mm（长腰孔），用 M4 螺栓将其固定在预埋件线盒上。

与总线连接线从接线端子箱或线盒内进出，如图 1—28 所示。当隔离模块动作时，被隔离保护的输入/输出模块应不超过 32 个。为了便于维修，应将模块装于设备控制柜内。若在吊顶外，应安装在墙上距地面高 1.5 m 处。若装于吊顶内，需在吊顶上开维修孔洞。

模块明装时，将模块底壳安装在预埋盒上；暗装时，将模块底壳预埋在墙内或安装在专用装饰盒上。

五、手动报警按钮设置

手动报警按钮安装在公共场所，如建筑物走道的墙壁上、宾馆楼层服务台附近等比较醒目的地方。当确认火灾发生后，按下按钮上的有机玻璃片，可向控制器发出火灾报警信号，控制器接收到报警信号后，显示出报警按钮的编码或位置并发出报警音响。报警时有一组无源常开触点输出，可同时驱动声光报警器或其他报警器件，如图 1—29 所示。

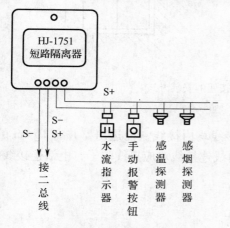

图 1—28　隔离模块安装图

图 1—29　GST－LD－8331 手动报警按钮

另外，还有带电话插孔的手动报警按钮，可用做消火栓报警按钮，它既具有报警功能，又可以直接启动消防泵。消防泵启动后，其启动状态可以在消火栓报警按钮上指示。下面以 GST－LD－8331 手动报警按钮为例进行介绍。

1. 技术特性

（1）工作电压。信号总线电压：24 V，允许范围：16～28 V。

（2）工作电流。监视电流≤0.6 mA，报警电流≤1.8 mA。

（3）输出容量。额定 DC 60 V/100 mA 无源输出触点信号，接触电阻≤100 mΩ。

（4）启动零件形式：重复使用型。

（5）启动方式：人工按下有机玻璃片。

（6）复位方式：用吸盘手动复位。

（7）指示灯：红色，正常巡检时约 3 s 闪亮一次，报警后点亮。

（8）编码方式：电子编码，编码范围在 1~242 任意设定。

（9）线制：与控制器采用无极性信号二总线连接，与总线制编码电话插孔采用四线制连接，与多线制电话主机采用电话二总线连接。

2. 安装与布线

安装时只需拔下报警按钮，从底壳的进线孔中穿入电缆并接在相应端子上，再插好报警按钮即可安装好报警按钮，安装孔距为 65 mm。报警按钮底壳安装采用明装和暗装两种方式，安装如图 1—30 所示。

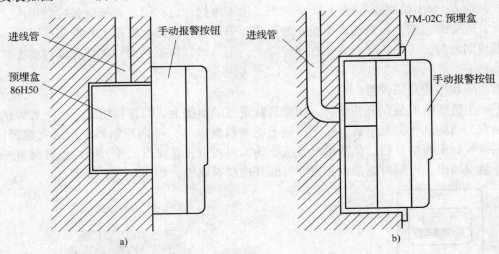

图 1—30 手动报警按钮的安装方式

a）明装方式 b）暗装方式

手动报警按钮应安装牢固，不得倾斜。连接线均由接线盒内进出，并有 10 cm 的余量，通过手动按钮后盖中部的穿线环孔进入盒内，总线连接线对应接线端子，电话连接线接电话插孔引线的接线端子。

端子接线说明（见图 1—31）：

Z1、Z2：报警控制器来的信号总线，无极性。

K1、K2：无源输出端子，当报警按钮按下时，输出触点闭合信号，可直接控制外部设备。

TL1、TL2、AL、G：与 GST－LD－8304 消防电话专用模块或电话主机连接的端子。

布线要求：信号 Z1、Z2 采用 RVS 双绞线，截面积≥1.0 mm²；消防电话线 TL1、TL2 采用 RVVP 屏蔽线，截面积≥1.0 mm²；报警请求线 AL、G 采用 BV 线，截面积≥1.0 mm²。

3. 测试

按下报警按钮上的有机玻璃片，报警按钮红色报警指示灯应点亮，控制器应显示该报警按钮地址。将电话分机插入报警按钮插孔中，电话分机与电话主机间通话应正常。

测试结束后，用吸盘使报警按钮复位，并通知有关管理部门系统恢复正常。

六、声光报警器设置

火灾声光警报器（以下简称警报器）是一种安装在现场的声光报警设备，当现场发生火灾并被确认后，可由消防控制中心的火灾报警控制器启动，也可通过安装在现场的手动报警按钮直接启动。启动后警报器发出强烈的声光报警信号，以达到提醒现场人员注意的目的。下面以 HX－100B 声光警报器（见图1—32）为例进行介绍。

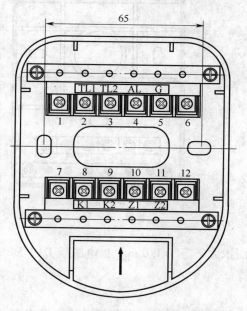

图1—31　报警按钮端子示意图

图1—32　HX－100B 声光警报器

1. 技术特性

（1）工作电压。信号总线电压：24 V，允许范围：16～28 V；电源总线电压：DC 24 V，允许范围：DC 20～28 V。

（2）工作电流。总线监视电流≤0.8 mA，总线启动电流≤6 mA，电源监视电流≤10 mA，电源动作电流≤160 mA。

（3）闪光频率。每分钟闪亮20～180次。

（4）声压级≥85 dB，变调周期：0.2～5 s。

（5）编码方式。采用电子编码方式，占一个总线编码点，编码范围可在1～242任意设定。

（6）线制。四线制，与控制器采用无极性信号二总线连接，与电源线采用无极性二线制连接。

2. 安装

警报器底壳与警报器之间采用插接方式，安装时为明装，可安装在86H50型标准预埋盒上，安装如图1—33、图1—34所示。

端子接线说明：

D1、D2：接 DC 24V 电源，无极性。

Z1、Z2：接控制器信号总线，无极性。

S1、G：外控无源输入。

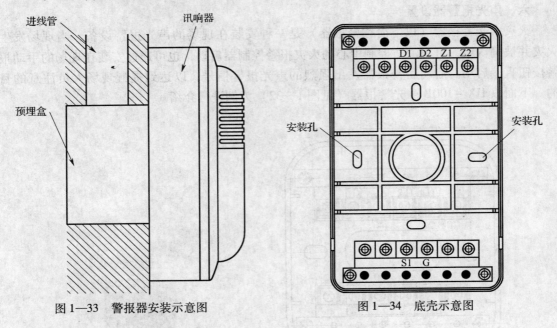

图1—33 警报器安装示意图   图1—34 底壳示意图

3. 布线

信号总线 Z1、Z2 采用 RVS 双绞线，截面积大于等于 1.0 mm^2；电源线 D1、D2 采用 BV 线，截面积大于等于 1.5 mm^2。

4. 测试

测试内容：外控设备给警报器的外控触点提供闭合信号，警报器动作，发出声、光报警信号；断开警报器外控触点的闭合信号，从火灾报警控制器向警报器发出启动命令，警报器动作，发出声、光报警信号，说明警报器正常。

5. 应用方法

警报器信号总线、电源总线的接线方式，及利用手动报警按钮的无源常开触点直接控制的示意图如图1—35所示。

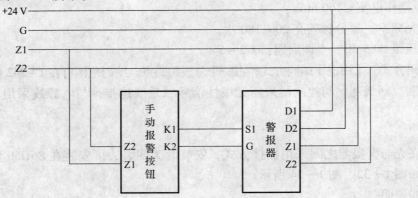

图1—35 警报器用手动报警按钮直接控制示意图

模块五　火灾报警控制器及联动控制

知识技能要求

1. 了解火灾自动报警系统的组成、功能及报警形式。
2. 掌握火灾自动报警系统的安装方法。

对于火灾自动报警系统来说，火灾报警控制器是火灾自动报警系统中的核心单元，负责监视和收集现场的火灾探测器的信号以及一些需要监视的设备的状态信号。另外，火灾报警器还需要联动一些控制装置。对于联网的系统，火灾报警控制器还要将报警信息传送给上一级的报警管理中心。

火灾自动报警与消防联动系统的功能是：自动捕捉火灾监测区域内火灾发生时的烟雾或热气、光线，从而发出声光报警，并有联动输出接点，控制自动灭火系统、消防电梯、事故照明、广播、电话、防排烟设施等，实现监测、报警和灭火的自动化控制。图1—36所示为火灾自动报警及联动控制系统示意图。

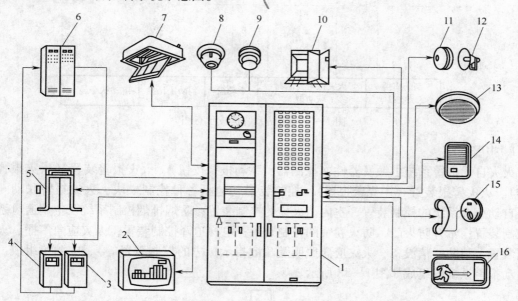

图1—36　火灾自动报警及联动控制系统示意图

1—消防中心　2—火灾区域显示　3—水泵控制盘　4—排烟控制盘　5—消防电梯　6—电力控制柜
7—排烟口　8—感烟探测器　9—感温探测器　10—防火门　11—警铃　12—警报器
13—扬声器　14—对讲机　15—联络电话　16—安全出口指示灯

一、火灾自动报警及联动控制系统的组成

智能楼宇内的火灾自动报警及联动控制系统的设备组成如图1—37所示。从所处位置来说，它们分为现场设备和控制室设备；从功能来说，它们分为报警、灭火、减灾三大功能。

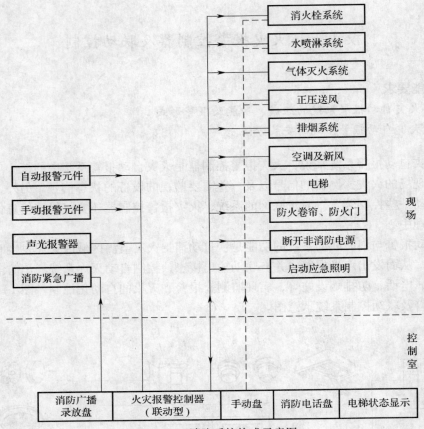

图 1—37　消防系统构成示意图

1. 报警系统

火灾自动报警系统由触发器件（探测器、手动报警按钮）、火灾报警装置（火灾报警控制器）、火灾警报装置（声光警报器）、控制装置（包括各种控制模块、火灾报警联动一体机；自动灭火系统的控制装置；室内消火栓的控制装置；防烟排烟控制系统及空调通风系统的控制装置；常开防火门、防火卷帘的控制装置；电梯迫降控制装置；火灾应急广播、火灾警报装置、消防通信设备、火灾应急照明及疏散指示标志的控制装置等）、电源等组成。火灾自动报警系统的组成如图 1—38 所示。

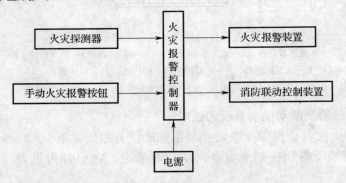

图 1—38　火灾自动报警系统的组成

火灾探测器的作用：是火灾自动探测系统的传感部分，能在现场发出火灾报警信号或向控制和指示设备发出现场火灾状态信号。

手动报警按钮的作用：也是向报警器报告发生火情的设备，只不过是手动报警而已，其准确性更高。

火灾报警控制器的作用：火灾报警控制器是火灾自动报警系统的核心，一般通过对火灾的一些特征进行探测、分析，并对照预先设定的内置参数判断火灾是否发生。它具有下述功能：

（1）可以接收、分析、判断火灾探测器发送来的火灾信号或环境参数。

（2）可以迅速、准确地发送控制信号给各种消防联动控制设备。

（3）可以读写任意一个探测器的地址码，并对探测器有巡检和监测的功能，当探测器发生故障时可以亮灯和蜂鸣示警。

（4）具有记忆火灾或事故发生时间和地点的功能，并能将记忆的信息显示在液晶屏上或打印在纸上。

（5）火灾报警优先于事故报警功能。

（6）为探测器提供电源。

消防联动控制装置：在火灾自动报警系统中，当接收到来自触发器件的火灾信号或火灾报警控制器的控制信号后，能通过模块自动或手动启动相关消防设备并显示其工作状态。

电源：火灾自动报警系统属于消防用电设备，其主电源应当采用消防电源，备用电源一般采用蓄电池组。系统电源除为火灾报警控制器供电外，还为与系统相关的消防控制设备等供电。

警报器的作用：当发生火情时，能发出区别于环境的声、光报警信号。

2. 灭火系统

消防系统的灭火装置包括灭火器械和灭火介质，如消火栓灭火系统、自动喷洒水灭火系统、二氧化碳气体灭火系统及泡沫灭火系统等，如图1—39所示。

图1—39 灭火系统

由于水灭火是一种使用最广泛的灭火方法，因此水灭火系统也是消防系统中主要的灭火系统。水灭火系统一般有室内消火栓灭火系统、自动喷水灭火系统等。

室内消火栓灭火系统由消防蓄水池、管路及室内消火栓等设备组成。室内消火栓主要由水枪、水带及消火栓三部分构成。每个消火栓设备均相应配有远距离启动、控制消防水泵的按钮及指示灯。

自动喷水灭火系统由喷头、管路、控制装置及压力水源等组成。

二氧化碳灭火系统主要用于扑灭一些电气火灾。其系统主要由二氧化碳储存容器、瓶头阀、管道、喷嘴、操作系统及其附属设备等构成。

泡沫灭火系统是将泡沫液与水混溶，再用化学反应或机械方法产生灭火泡沫的灭火系统，主要用于扑灭非水溶性可燃液体及一般固体火灾。

灭火系统都受控于火灾自动报警系统的联动控制装置，通常将联动控制装置与灭火系统合称为联动灭火系统。

3. 减灾系统

减灾系统的主要作用是有效地防止火灾蔓延，便于人员及财物的疏散，尽量减少火灾损失。通常由防排烟系统、防火门、防火卷帘、应急照明、疏散指示等组成。

防排烟系统主要用于控制烟气的走向以及保证人员疏散的路线上尽量少有有毒烟气。防排烟系统通常由排烟机、风管、排烟口、防烟垂帘、正压送风机及控制阀等构成。

防火门是在火灾期间起隔离火灾作用的。防火卷帘是门帘式的防火分隔物，无火灾时处于收卷状态，有火灾时处于降下状态。

减灾系统均受控于火灾自动报警系统的联动控制装置，通常将联动控制装置与减灾系统合称为联锁减灾系统。

4. 联动系统的技术特点

（1）系统必须保证长期不停地运行，在运行期间，不但发生火情能报警到探测点，而且应具备自判断系统设备传输线断路、短路、电源失电等状况的能力，并给出有区别的声光报警，以确保系统的高可靠性。

（2）探测部位之间的距离可以从几米至几十米。控制器到探测部位间可以从几十米到几百米、上千米。一台区域控制器可带几十或上百只探测器，有的通用控制器能带 500 个甚至上千个探测点。无论什么情况，都要求将探测点的信号准确无误地传输到控制器上。

（3）系统应具有低功耗运行性能。探测器对系统而言是无源的，它只是从控制器上获取正常运行的电源。探测器的有效空间是狭小有限的，因此要求设计时电子部分必须是简练的。电源失电时，应有备用电源可连续供电 8 h，并且在火警发生后，声光报警能长达 50 min，这就要求控制器亦应低功耗运行。

二、消防联动控制室的主要设备及功能

1. 火灾报警控制器

火灾报警控制器是火灾报警系统中的核心组成部分，它为火灾探测器提供稳定的工作电源，监视火灾探测器及系统自身的工作状态，接受、转换、处理火灾探测器输出的报警信号，进行声光报警，指示报警的具体部位及时间，同时执行相应辅助控制等诸多任务。图 1—40 所示为 GK601L 火灾报警控制器。

火灾自动报警系统能及时发现火灾，通报火情，并通过自动消防设施，将火灾消灭在萌发状态，最大限度地减少火灾的危害。随着高层、超高层现代建筑的兴起，人们对消防工作也提出了越来越高的要求。

火灾报警控制器是火灾报警系统的心脏，是分析、判断、记录和显示火灾的部件，它通过火灾探测器（感烟、感温）不断向监视现场发出巡测信号，监视现场的烟雾含

图 1—40 GK601L 火灾报警控制器

量和温度等。探测器将烟雾含量或温度转换成电信号，并反馈给报警控制器，报警控制器将收到的电信号与控制器内存储的整定值进行比较，判断确认是否发生火灾。当确认发生火灾时，在控制器上发出声光报警，现场发出火灾报警，显示火灾区域或楼层房号的地址编码，并打印报警时间、地址。同时通过消防广播向火灾现场发出火灾报警信号，指示疏散路线，在火灾区域相邻的楼层或区域通过消防广播、火灾显示盘显示火灾区域，指示人员朝安全的区域避难。

为了防止探测器失灵，或火警线路发生故障，现场人员也可以通过安装在现场的报警按钮和消防电话直接向消防中心报警。火灾报警控制系统一般由探测器（感烟、感温）、模块、火灾报警控制器、火灾显示盘、消防电话、CRT 显示器等组成。

2. 消防广播录放盘

消防广播录放盘如图 1—41 所示。

消防广播录放盘接收控制主机的命令，按防火分区进行紧急广播。消防广播录放盘主要包括：

（1）录放单元。录放单元为火灾事故广播提供声音录放功能，完成电子语音、外线输入、话筒、录音机 4 种播音方式下的事故广播，并能自动将话筒和外线输入的播音信号进行录音。平时也可实现一般的背景音乐广播。

（2）功放单元。功率放大器容量有 150 W、250 W、500 W 等多种规格，接 220 V 电源，以 120 V 定压式输出音频。

（3）广播分配单元。根据工程的需要，广播应分成多个回路输出，每个回路带一定数量的扬声器。例如 GT1505 广播分配单元可提供高达 40 路可控的独立广播输出，每路广播独立使用时，输出功率为 50 W。既能按回路广播，也能按区广播，如分为 10 个区域，每区可控制四路广播。

3. 消防电话盘

消防电话盘如图 1—42 所示。

图 1—41　消防广播录放盘

图 1—42　消防电话盘

消防电话盘构成独立的消防电话系统，有多线制、总线制两种形式，主机与任一分机可相互呼叫、通话。主机可群呼分机，可同时与多部分机通话，可对通话过程录音，可快速拨发"119"到市话。它所带的分机有重要部门的直拨电话，也有电话插孔。

4. 手动盘

手动盘又叫直启盘，对重要的设备，除有控制器联动启动外，还可以在控制室直接手动启动。现代楼宇中，消防水泵、防烟和排烟风机的启、停，除自动控制外，也应能手动直接控制。由手动盘到各个被控电机一一对应，多线控制。

5. 电梯状态显示

电梯状态显示便于发生火灾时值班人员对电梯运行状态进行监视，但它不是必须列入火灾自动报警系统中的，很多工程是将它列入建筑设备监控系统中。

6. 供电电源

供电电源如图1—43所示。

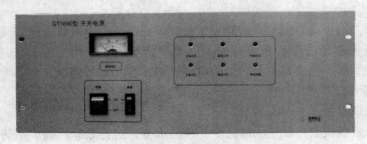

图1—43　供电电源

根据我国消防法规规定，火灾自动报警系统的供电电源分为主电源和备用电源。主电源是交流电源，一般由当地电网供电，并应按电力系统有关规定确定供电等级；备用电源一般可采用蓄电池组或自备柴油发电机组，以确保火灾自动报警系统不受停电事故的影响。主、备电源应能保证在极短的时间内可靠地完成切换或启动过程，以实现对消防系统的可靠供电。

三、火灾自动报警系统的报警形式

不同的火灾报警控制器与不同的灭火、减灾设备相组合便构成了不同的报警系统形式。不同的报警系统形式又可以适应不同的消防工程。主要的报警系统形式有3种，即区域报警系统、集中报警系统、控制中心报警系统。

1. 区域报警系统

对于建筑规模较小、控制设备不多的建筑物，常使用区域报警系统。系统保护区域较小，具有独立的处理火灾事故的能力，通常由一台区域控制器和数个探测器组成。区域报警系统如图1—44所示。

2. 集中报警系统

集中报警系统适用于较大范围内多个区域的保护。当建筑物规模较大，保护对

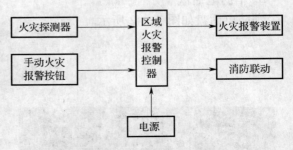

图1—44　区域报警系统

象少而分散，或被保护对象没有条件设置区域报警控制器时，则可考虑设置集中报警系统。

由集中火灾报警控制器、区域火灾报警控制器和火灾探测器等组成，或由火灾报警控制器、区域显示器和火灾探测器等组成，如图1—45所示。功能较复杂的火灾自动报警系统统称为集中报警系统。

3. 控制中心报警系统

由消防控制室的消防控制设备、集中火灾报警控制器、区域火灾报警控制器和火灾探测

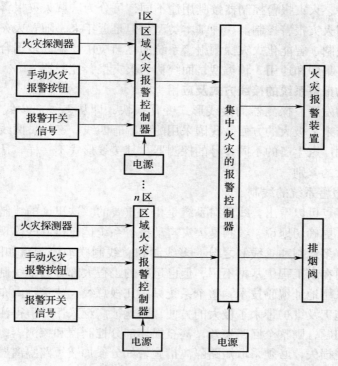

图1—45 集中报警系统

器等组成，或由消防控制室的消防控制设备、火灾报警控制器、区域显示器和火灾探测器等组成，如图1—46所示。功能复杂的火灾自动报警系统称为控制中心报警系统。控制中心报警系统的容量较大，消防设施控制功能较全，适用于大型建筑的保护。

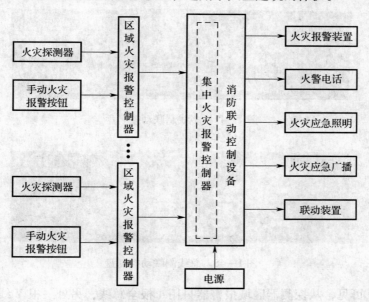

图1—46 控制中心报警系统框图

需要说明的是，火灾报警控制器按其用途不同，可分为区域火灾报警控制器、集中火灾报警控制器和通用火灾报警控制器3种基本类型。但是近年来，随着火灾探测报警技术的发展和模拟量、总线制、智能化火灾探测报警系统的逐渐应用，在许多场合，火灾报警控制器已不再分为区域、集中和通用3种类型，而统称为火灾报警控制器。

四、火灾自动报警系统的接线方式及应用

随着消防业的发展，探测器的接线形式变化很快，即从多线向少线至总线发展，给施工、调试和维护带来了极大的方便。我国采用的线制有四线、三线、两线及四总线、二总线等几种。对于不同厂家生产的不同型号的探测器，其接线形式不一样，从探测器到区域报警器的线数也有很大的差别。

1. 火灾自动报警系统的线制

从上述技术特点可以看出，线制对系统是相当重要的。这里说的线制是指探测器和控制器间的布线数量。更确切地说，线制是火灾自动报警系统运行机制的体现。按线制不同，火灾自动报警系统有多线制和总线制之分，多线制和总线制联动控制盘如图1—47、图1—48所示。多线制目前在新工程中基本不用，但已运行的工程大部分为多线制系统。

总线制系统采用地址编码技术，整个系统只用几根总线，建筑物内布线极其简单，总线制系统给设计、施工及维护带来了极大的方便，因此被广泛采用。值得注意的是：一旦总线回路中出现短路问题，则整个回路失效，甚至损坏部分控制器和探测器，因此，为了保证系统正常运行和免受损失，必须采取短路隔离措施，如分段加装短路隔离器。

（1）四总线制。四总线制连接方式如图1—49所示，四条总线为：P线给出探测器的电源、编码、选址信号；T线给出自检信号，以判断探测部位或传输线是否有故障；控制器从S线上获得探测部位的信息；G为公共地线。P、T、S、G均为并联方式连接，S线上的信号对探测部位而言是分时的，从逻辑实现方式上看是"线或"逻辑。

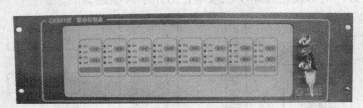

图1—47 多线制联动控制盘

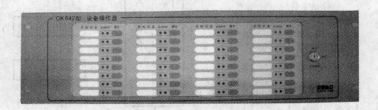

图1—48 总线制联动控制盘

如图1—49可见，从探测器区域报警器只用4根全总线，另外一根V线为DC 24 V，也以总线形式由区域报警器接出来，其他现场设备也可使用。这样控制器与区域报警器的布线为5线，大大简化了系统，尤其是在大系统中，这种布线优点更为突出。

（2）二总线制。这是一种最简单的接线方法，用线量更少，但技术的复杂性和难度也提高了。二总线中的G线为公共地线，P线则完成供电、选址、自检、获取信息等功能。目前，二总线制应用最多，新型智能火灾报警系统也建立在二总线的运行机制上，二总线系统有树枝形、环形和链式3种。

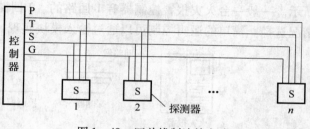

图1—49　四总线制连接方式

1）树枝型接线。图1—50所示为树枝形接线方式，这种方式应用广泛，若接线发生断线，可以报出断线故障点，但断线之后的探测器不能工作。

2）环形接线。图1—51所示为环形接线方式，这种系统要求输出的两根总线再返回控制器另两个输出端子，构成环形。这种接线方式若中间发生断线，不影响系统正常工作。

3）链式接线。图1—52所示为链式接线方式，这种系统的P线对各探测器是串联的，对探测器而言，变成了三根线，而对控制器还是两根线。

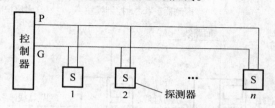

图1—50　树枝形接线（二总线制）

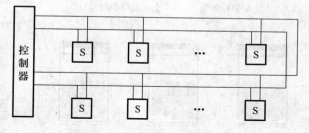

图1—51　环形接线（二总线制）

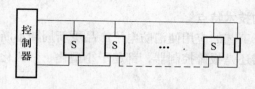

图1—52　链式接线方式

2. 火灾自动报警系统的应用

（1）小型单机报警系统。对于小型的场所来说，如酒吧、饭馆、KTV、小型仓库，这些场所需要探测器不多，控制点少，控制关系简单。一般一台报警控制器便可以满足要求。

系统由报警控制器、探测器、手动报警按钮、控制模块、输出模块等组成，如图1—53

所示。一般一台火灾报警控制器有 1 回路的、2 回路的、4 回路的等。可以根据工程的实际情况选择。简单的逻辑控制可以通过输入模块实现。

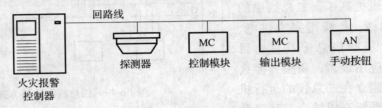

图 1—53　小型火灾自动报警系统

（2）联网型系统。大型建筑需要设立专门的消防控制中心，火灾自动报警控制系统一般有一台火灾自动报警控制主机，将分布在中心外的火灾报警分机通过通信网络连接起来。消防控制中心可以监控整个建筑物的所有消防设备的状态。图 1—54 所示为一联网型火灾自动报警控制系统配置图。

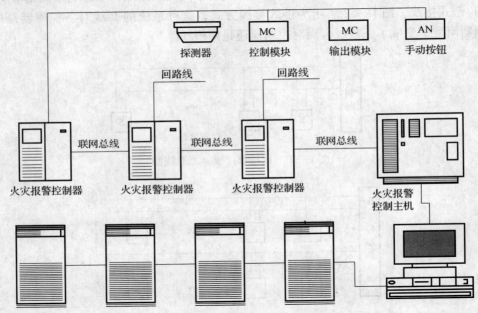

图 1—54　联网型火灾自动报警控制系统

五、常见联动设备的技术特点

近年来，新技术、新工艺的应用使消防电子产品更新周期不断缩短。在火灾自动报警系统中，无论是火灾探测器还是报警控制器，都趋于小型化、微机化，目前最先进的系统为模拟量无阈值智能化系统。

随着消防产品的不断更新换代，不同厂家、不同系列的产品在实际应用中的联动设备各异，但其基本种类及功能相同，下面仅就一些常用的联动设备进行介绍。

1. 火灾报警控制器型号代码编制方法

中华人民共和国公共安全行业标准 GA/T 228—1999《火灾报警控制器产品型号编制方法》对于火灾报警控制器的型号代码编制有详细的规定，如图 1—55 所示。

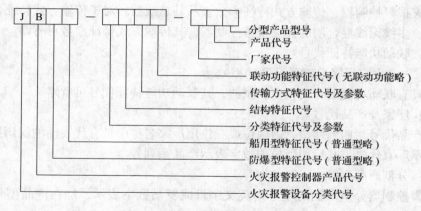

图 1—55　火灾报警控制器型号代码编制方法

各个位置上字母的具体含义如下：

第 1 位：J（警）——消防产品中火灾报警设备分类代号。

第 2 位：B（报）——火灾报警控制器产品代号。

第 3 位：应用范围特征代号。

应用范围特征代号是指火灾报警控制器的适用场所，适用于爆炸危险场所的为防爆型，否则为非防爆型；适用于船上使用的为船用型，适合于陆上使用的为陆用型。其具体表示方式是：

B（爆）——防爆型（型号中无"B"代号即为非防爆型，其名称亦无须指出"非防爆型"）；

C（船）——船用型（型号中无"C"代号即为陆用型，其名称中亦无须指出"陆用型"）。

第 4 位：分类特征代号及参数其具体表示方式是：

Q（区）——区域火灾报警控制器；

J（集）——集中火灾报警控制器；

T（通）——通用火灾报警控制器。

分类特征参数用一位或两位阿拉伯数字表示。集中或通用火灾报警控制器的分类特征参数表示其可连接的火灾报警控制器数。区域火灾报警控制器的分类特征参数可省略。

第 5 位：结构特征代号，其具体表示方式是：

G（柜）——柜式；

T（台）——台式；

B（壁）——壁挂式。

第 6 位：传输方式特征代号及参数，其具体表示方式是：

D（多）——多线制；

Z（总）——总线制；

W（无）——无线制；

H（混）——总线无线混合制或多线无线混合制。

传输方式特征参数用一位阿拉伯数字表示。对于传输方式特征代号为总线制或总线无线混合制的火灾报警控制器，传输方式特征参数表示其总线数。对于传输方式特征代号为多线制、无线制、多线无线混合制的火灾报警控制器，其传输方式特征参数可省略。

第7位：联动功能特征代号。

L（联）——火灾报警控制器（联动型）。

对于不具有联动功能的火灾报警控制器，其联动功能特征代号可省略。

第8位：厂家及产品代号。

厂家及产品代号为四到六位，前两位或三位用厂家名称中具有代表性的汉语拼音字母或英文字母表示厂家代号，其后用阿拉伯数字表示产品系列号。

第9位：分型产品型号。

火灾报警控制器分型产品的型号用英文字母或罗马数字表示，加在产品型号尾部以示区别。

2. JB-QB-1501系列火灾报警控制器

该控制器为二总线通用型火灾报警控制器，该产品采用80C31单片机CMOS电路组成微机自动报警系统，既可做中央机，也可做区域机使用。该控制器可通过两总线对在线的所有探测部位进行巡回检测，接收离子感烟探测器、感温探测器、线型空气管探测器、热电偶火灾探测器、线型感温电缆线及手动报警按钮等各类探测部件输入的火灾或故障信号。一旦某个探测器有火灾或故障信号，探测器立即响应，发出声光报警，显示时间、地点、报警性质，并打印记录。该系列火灾报警控制器可将火灾信号输出至楼层报警显示器，也可通过输出接口将火警信号送到消防联动控制系统及CRT显示系统。如作为区域报警器，则通过串行通信接口将收集的火灾或故障信息传输到集中报警控制器。整个系统监控电流小、抗干扰能力强，可现场编程，功能齐全，设计、安装、调试、使用、维修均十分方便。基本功能如下：

（1）能直接接收来自火灾探测器的火灾报警信号。

1）左四位LED显示第一报警地址（楼层号），右四位LED显示后续报警地址（房间号），多点报警时，右四位交替显示报警地址。

2）预警灯亮，发预警声（喇叭长音）。

3）打印机自动打印预警地址及时间。

4）预警30 s延时时，确认为火警，发火警声（喇叭变调音），可消音（但消音指示灯不亮）。

5）打印机自动打印火警地址及时间。

6）可通过输出回路上的火灾显示盘，重复显示火警发生部位。

（2）能发出探测点的断线故障信号（短路故障时由短路隔离器转化为断线故障）。

1）故障灯亮。

2）右四位LED显示故障地址（房间号）。

3）蜂鸣器发出故障音，可消音，同时消音指示灯亮。

4）打印机自动打印故障发生的地址及时间。

5）故障期间，非故障探测点有火警信号输入时，仍能报警。

（3）有本机自检功能。右四位LED能显示故障类别和发生部位。键盘操作功能如下：

1）对探测点的编码地址与对应的楼层号、房间号可现场编程。

2）对探测点的编码地址与对应的火灾显示盘的灯序号可现场编程。

3）可进行系统复位，重新进入正常监控状态操作。

4）可调看报警地址（编码地址）和时间、断线故障地址（编码地址）、调整日期和时间。

5）可进行打印机自检：查看内部软件时钟，对各回路探测点运行状态进行单步检查和声、光显示自检。

6）可对发生故障的探测点进行封闭以及被封闭探测点修复后释放的操作。

（4）有专用的电源部件，为自身以及所连接的探测器和火灾显示盘供电，主备电装置能自动切换，主备电均有工作状态指示，主电有过电流保护，备电有欠电压保护，电源发生欠压故障时，有声、光故障指示。

JB-QB-1501 系列火灾报警控制器原理接线图如图 1—56 所示。

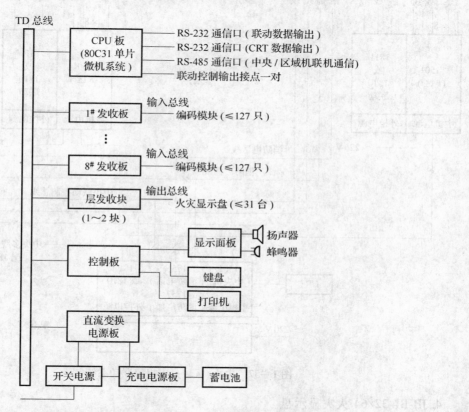

图 1—56 JB-QB-1501 系列火灾报警控制器原理接线图

3. 中央/区域机火灾报警系统

当一台 JB-QB-1501 火灾报警器的容量不能满足工程需要时，可采用中央/区域机联机通信的方法，组成中央/区域机火灾报警系统，报警点容量可达 1 016×8 个。

（1）技术数据

1）一台 JB-JG（JT）-DF1501 中央机通过 RS-485 通信接口可连接 8 台 1501 区域机。

2）中央机的功能如下：

①中央机只能与区域机通信，但没有输入总线和输出总线，不能直接连接探测器编码模块和火灾显示盘。

②中央机可通过 RS-232 通信接口与联动控制器连接通信，通过 RS-232 通信接口与 CRT 微机彩显系统连接。

③中央机柜（台）式机箱内可配装 HJ-1756 消防电话、HJ-1757 消防广播和外控电源。

④区域机柜（台）机箱内自备主机电源。

（2）系统框图。中央/区域火灾报警联动系统框图如图 1—57 所示。

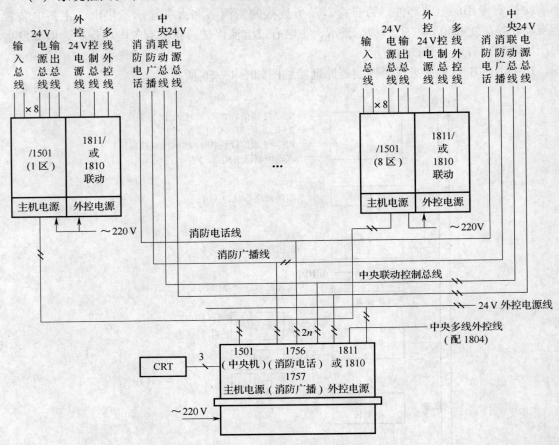

图 1—57　中央/区域火灾报警联动系统

4. JB-BL-32/64 火灾显示盘

火灾显示盘（重复显示屏）设置在每个楼层或消防分区内，用以显示本区域内各探测点的报警和故障情况。在火灾发生时，用于指示人员疏散方向、火灾所处位置、范围等。

该显示盘是 1501 系列火灾报警控制器的配套产品，盘内配备了两个继电器，用于控制本区域中的外控设备。但是，本产品不能独立构成报警控制器。

（1）基本功能

1）通过对 1501 火灾报警控制器的现场编程，可将整个系统的任意探测点的编码地址与对应火灾显示盘的灯序号设置一一对应。

2）能接收来自 1501 火灾报警控制器发出的探测点编码模块运行状态的数据，如火警、预警、断线故障等数据。

①对应的显示灯发红光。

②预警时，预警总灯亮，喇叭发出单调音；火警时，火警总灯亮，喇叭发出变调音。

③故障时，故障总灯亮，蜂鸣器发出单调音，但火警时，所有故障信号让位于火警信号。

④声信号能手动消音。

3）有本机自检功能，能对显示灯和故障、预警、火警声信号自检，自检过程中，有火警时，转向处理报警信号。

4）通过复位按钮使火灾显示盘重新处于正常监控状态。

5）配备两个用于自动控制外控设备的总继电器，触点容量为 AC 220 V/3 A，DC 24 V/5 A。

火警后 30 s，两个继电器同时吸合，其中第一个 3 s 后释放，第二个为持续吸合。

6）可以将 1801 联动控制器的配套产品 1802 远程控制器装入其中，这时，火灾显示盘原配备的两只继电器取消，外控制由 1801 联动控制器通过 1802 远程控制器来实现，继电器板上配备 4 个控制用继电器。

（2）基本原理。显示屏原理如图 1—58 所示。火灾显示盘机号、点数设置，其中，前 5 位（$D_0 \sim D_4$）设置机号，后 3 位决定点数。

1）前 5 位按二进制拨码计数（ON 方向为 0，反向为 2^{n-1}）。机号最大容量为 $25 - 1 = 31$，即 1501 一对输出总线上能识别 31 台火灾显示盘。

2）后 3 位由下列内容决定：

6 位	7 位	8 位	总数	6 位	7 位	8 位	总数
OFF	OFF	OFF	32	ON	ON	OFF	96
ON	OFF	OFF	64				

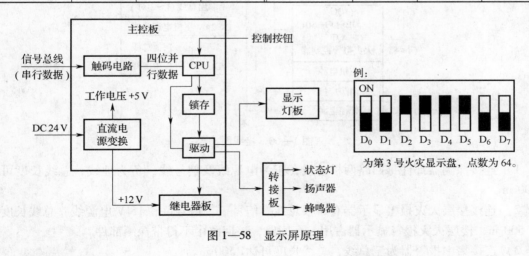

图 1—58 显示屏原理

（3）技术数据

1）容量表格式有 32 点、64 点；模拟图式 ≤ 96 点。

2）工作电压 DC 24 V（由报警控制器主机电源供给）。

3）监控电流≤10 mA；报警（故障）显示状态工作电流≤250 mA。

4）使用环境：温度－10～50℃；相对湿度≤95%（40℃±2℃）。

5）总线长度≤1 500 m。

6）外形尺寸：32点为540 mm×360 mm×80 mm；64点为600 mm×400 mm×80 mm；模拟图式为600 mm×400 mm×80 mm；图1—59所示为JD-BL-64火灾显示盘，质量为8.0 kg（32点）、9.0 kg（64点）。

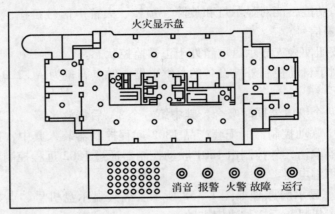

图1—59　JD-BL-64火灾显示盘

（4）接线方式如图1—60所示。

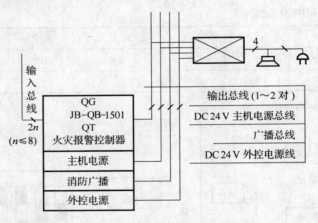

图1—60　接线图

1）连接探测器部件每回路两根总线，正为电源线及信号线，负为地线，总线长度可达1 500 m。

2）连接楼层火灾报警显示器有3根总线，信号正、信号负和15 V电源线，总线长度可达1 500 m，楼层火灾报警显示器占用一个回路，该回路中不得带探测部件。

3）连接集中报警器为三总线，总线长度可达1 500 m。

4）总线均须采用截面积≥1.0 mm²的多股双色双绞铜芯绝缘导线，且应穿铁管。

5. HJ-1811联动控制器

该联动控制器是基于微机的消防联动设备总线控制器。该控制器接收来自火灾报警器的报警信息，经逻辑处理后自动（或经手动，或经确认）通过总线控制联动控制模块发出命令去支配相关的联动设备动作。联动设备动作后，其回答信号再经总线返回总线联动控制器，显示设备工作状态。

1811 可编程联动控制器与 1801 系列火灾报警控制器配合，可联动控制各种外控消防设备，其控制点有两类：128 只总线制控制模块，用于控制外控设备；16 组多线制输出，用于控制中央外控设备。与 1801 系列相比，其优点为：以控制模块取代远程控制器，取消返回信号总线，实现真正的总线制（控制，返回集中在一对总线上）；增加 16 组多线制可编程输出；增加"二次编程逻辑"，把被控制对象的启停状态也作为特殊的报警数据处理。该联动控制器结构形式有柜式（标准功能抽屉）和台式（非标准）。

（1）该联动控制器的工作原理如图 1—61 所示。

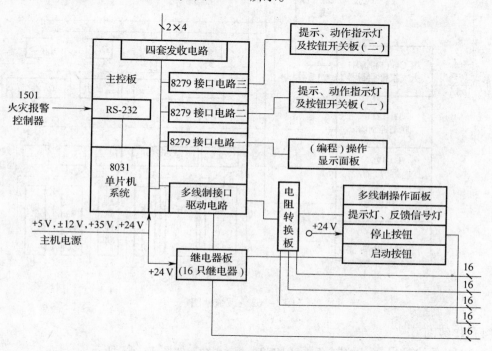

图 1—61　1811 可编程联动控制器工作原理图

（2）技术数据

1）容量。1811/64：配接 64 只控制模块，16 只双切换盒；1811/128：配接 128 只控制模块，16 只双切换盒。

2）工作电压。由主机电源供给所需工作电压 +5 V、±12 V、+35 V、+24 V。

3）主机电源供电方式。交流电源（主机）为 AC 220 V，（50±1）Hz；直流备电为（全密封蓄电池）DC 24 V，20 A·h。

4）监控功率≤20 W。

5）使用环境。温度为 -10~50℃；相对湿度≤95%（40℃±2℃）。

6）结构形式。柜式（标准功能抽屉）和台式（非标准）。

7）颜色。乳白色箱体，黑色面膜。

（3）系统框图。系统框图如图 1—62 所示。

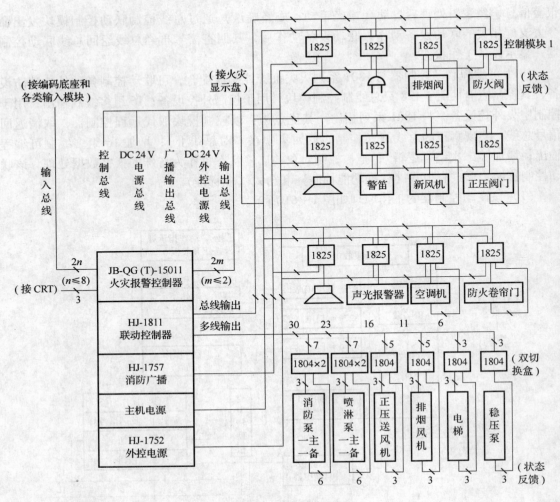

图 1—62　系统框图

（4）接线图

1）1811 总线输出——控制模块（1852）接线图，如图 1—63 所示。

2）1811 多线输出——双切换盒（1804）接线图，如图 1—64 所示。

（5）HJ-1811 联动控制器基本功能

1）可通过 RS-232 通信接口接收来自 1501 火灾报警控制器的报警点数据，再根据已编入的控制逻辑数据，对报警点数据进行分析，对外控消防设备实施总线输出与多线输出两种控制方式。

①总线输出控制方式通过控制总线，可连接 128 只控制模块，当确认某控制模块动作进行时，对应的绿色提示灯亮，然后由控制模块中继电器触点的动作来启动或关闭外控消防设备，外控设备的工作状态经控制模块，由总线返回反馈信号给主机，对应的红色动作灯亮。

②多线输出的控制方式在继电器板上（共 16 个继电器）找出需动作的继电器，对应的绿色提示灯亮，通过被驱动的继电器触点，输出 DC 24 V，经双切换盘控制中央外控消防设备动作，外控设备的工作状态经双切换盒返回反馈信号给主机，对应的红色启动灯亮。

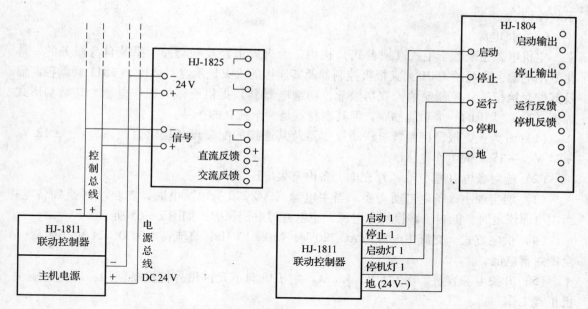

图 1—63　控制模块接线图　　　　　　　图 1—64　双切换盒接线图

2）有"自动/手动"控制转换功能

①当"自动/手动"键置于"自动"位置时，数码管显示被确认动作的控制点编码（总线输出控制点为 0~127，多线输出控制点为 128~143）。

②当"自动/手动"键置于"手动"位置时，对总线输出控制，按下某控制点的手动按钮，数码管显示控制点编码，对应提示灯亮，蜂鸣器发出提示音，延时 5 s 或 10 s 后，该点动作（第一点延时 10 s，后续点 5 s），延时期间，若按下 ACK 键，立即执行；若按下 NAC 键，取消执行。另外，"启动/释放"按钮决定了控制模块的动作是启动还是释放。

对多线输出控制，通过按下某控制点的启动按钮或停止按钮，立即控制双切换盒的动作，但数码管不显示对应编码。

3）现场编程功能

①设置控制模块的数量。

②设置探测点与控制点之间的逻辑控制对应关系。逻辑控制有"与""或""片""总报"四类。

③封闭某个控制模块（最多可封闭 64 只）。

④对各控制点供电方式，仍可设置为"持续供电"或"脉冲供电"（受控继电器吸合 3s 后释放）。

⑤设置"二次编程逻辑控制"，即当某控制模块有反馈信号输入时，可启动其他控制模块或双切换盒。

4）系统检查、系统测试和面板测试功能如下：

①可检查有故障、有反馈信号或工作点不正常的控制模块编码。

②可单步测试或定点测试控制模块的工作状态。

③可对面板上的数码管、声光指示等依次自检测试。

5）当控制回路有开路、短路或断线时，有声、光故障信号（声信号可消音）数码管显示故障信息。

6. 主机电源

主机电源是配置于柜式（或台式）机内，为火灾报警及联动控制系统自身服务的一体化专用电源，它可给1501火灾报警控制器及其连接的火灾显示盘，1810或1811联动控制器及其配套执行件（控制模块，双切换盒，功继电器盒）提供所需的工作电压。其结构形式为柜（台）式机的一个功能抽屉，但其本身不是一个独立的产品。

（1）专为火灾报警控制器、联动控制器及其连接的配套设备提供直流 +5 V、±12 V、+24 V、+35 V 的工作电压。

（2）能对备电（蓄电池）浮充电，备电有欠电压保护。

（3）能实现主、备电自动切换。当主电源（AC 220 V）断电时，能自动转换到备电；当主电源恢复时，能自动转换到主电源，主电有过电流保护，如图1—65所示。

（4）供电方式。交流主电源为 AC 220 V，（50 ± 1）Hz；直流备电为 DC 24 V，20 A·h 全密封蓄电池。

（5）开关电源容量。DC 24 V，4.2 A。主机电源不允许供外控设备使用，以免影响主机正常工作。

7. 外控电源

外控电源（HJ-1752）是配置于柜式（或台式）机内，专为外控设备供电的专用电源，柜（台）机采用一体化主机电源后，集中供电电源原为联动控制器供电的用途已取消，仅仅提供外控设备用电，可避免外控设备的动作对主机的干扰。

（1）供电方式。交流主电源为 AC 220 V，（50 ± 1）Hz；直流备电为 DC 24 V，20 A·h 全密封蓄电池。

（2）开关电源容量。DC 24 V，102 A，如图1—66所示。

（3）外控电源专为外控设备提供 DC 24 V 工作电压。例如警铃、警笛、声光报警器、DC 24 V 继电器、各类电磁阀等。

（4）外控电源能对备电（蓄电池）浮充电。对备电（蓄电池）实施欠电压保护，实现主、备电自动切换，当主电源（AC 220 V）断电时，能自动转换到备电；当主电源恢复时，能自动转换到主电源，主电有过电流保护。

（5）外控电源应选用截面积在 2.5 mm^2 以上的输出导线，以减少线路压降。

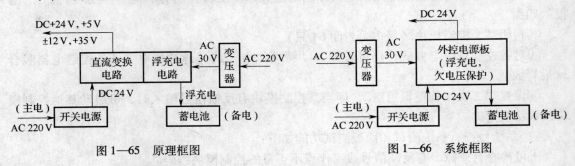

图1—65　原理框图　　　　　　　　图1—66　系统框图

六、火灾报警控制器安装

1. 火灾报警控制器的安装

火灾报警控制器一般安装在消防控制室或消防中心，具体安装如图1—67所示。

（1）区域火灾报警控制器的安装。区域火灾报警控制器一般为壁挂式，可以直接安装在墙上，采用膨胀螺栓固定。如果控制器的质量小于 30 kg，则使用 ϕ8 mm×120 mm 的膨胀螺栓；若质量大于 30 kg，则采用 ϕ10 mm×120 mm 的膨胀螺栓固定牢固，以使其不得脱落。在轻质墙上安装时，应加固后安装箱体。

火灾报警控制器周围应留出适当空间，机箱两侧距墙或设备应不小于 0.5 m，正面操作距离应不小于 1.2 m。其底边距地（楼）面高度应不小于 1.5 m，落地安装时，其底宜高出地坪 0.1～0.2 m。如果控制器安装在支架上，应先将支架加工好，进行耐腐蚀处理，将支架装在墙上，把控制箱装在支架上。墙内预埋分线箱时，应确定好控制器的具体位置，安装时应平直端正。

（2）集中火灾报警控制器的安装。集中火灾报警控制器一般为落地式安装，柜下面有进出线地沟。如果需要从后面检修，柜后面板距墙应不小于 1 m；当有一侧靠墙安装时，另一侧距墙应不小于 1 m。当设备单列布置时，正面操作距离应不小于 1.5 m，双列布置时应不小于 2 m，在值班人员经常工作的一面，控制盘前距离应不小于 3 m。

安装时应将设备安装在型钢基础底座上，一般采用 8～10 号槽钢，也可以采用相应的角钢。型钢的底座制作尺寸应与集中火灾报警控制器相等。火灾报警控制设备内部器件完好、清洁整齐。在各种技术文件齐全、盘面无损坏时，可将设备安装就位。设备固定后，应进行内部清扫，柜内不应有杂物，同时应检查机械活动是否灵活，导线连接是否紧固。

一般设有集中报警控制器的火灾自动报警系统规模都较大。垂直方向的传输线路应采用竖井敷设，每层竖井分线处应设端子箱。控制器应安装牢固，不得倾斜。控制器安装在轻质墙上时，应采取加固措施。

集中火灾报警控制器的主电源引入线应直接与消防电源连接，严禁使用电源插头。主电源应有明显标志；控制器的接地应牢固，并有明显标志。

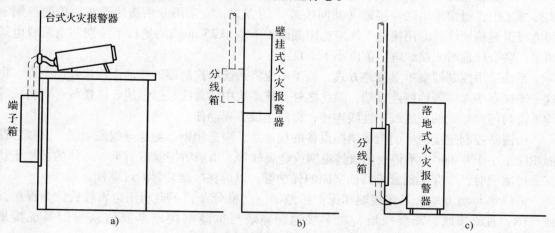

图 1—67　火灾报警控制器的安装
a）台式　b）壁挂式　c）落地式

2. 火警专用配线（或接线）箱的安装及接线

建筑物内宜按楼层分别设置火灾专用配线（或接线）箱作线路汇接，箱体用红色标志为宜。设置在专用竖井内的箱体，应根据设计要求的高度及位置，采用金属膨胀螺栓将箱体固定在墙壁上。

配线（或接线）箱内采用端子板汇接各种导线，并应按不同用途、不同电压、电流类别等分别设置不同的端子板，并将交直流不同电压的端子板加保护罩进行隔离，以保护人身和设备的安全。

引入控制器的电缆或导线的配线应整齐，避免交叉，并应固定牢固；电缆芯线和所配导线的端部均应标明编号，并与图样一致，字迹清晰不易退色。端子板的每个接线端，接线不得超过两根；电缆芯和导线应留有不小于 20 m 的余量；导线应绑扎成束；引入线穿线后，在进线管处应封堵。单芯铜导线剥去绝缘层后，可以直接接入接线端子板，剥削绝缘层的长度，一般比端子插入孔深度长 1 mm 为宜。对于多芯铜线，剥去绝缘层后，应挂锡再接入接线端子。

箱内端子板接线时，应使用对线耳机，两人分别在线路两端逐根核对导线编号。将箱内留有余量的导线绑扎成束，分别设置在端子板两侧。左侧为控制中心引来的干线，右侧为火灾探测器及其他设备的控制线路，在连接前，应再次摇测绝缘电阻值。每一回路线间的绝缘电阻值应不小于 10 MΩ。

安装注意事项如下：

（1）耐火耐热配线要求。消防设备电气配线在符合电气安全要求和供电可靠性的前提下，采用具有耐火耐热性的配线。

耐火配线一般是指按照典型的火灾温升曲线对线路进行试验，从受火作用起，到火灾温升曲线达到 840℃时，在 30 min 内仍能有效供电的配线。

耐热配线是指按照典型火灾温升曲线的 1/2 曲线对线路进行试验，从受火作用起，到火灾温升曲线达到 380℃时，在 15 min 内仍能有效供电的配线。

（2）系统接地要求。系统接地属于抗干扰性接地，工作接地的接地电阻应小于 4 Ω。在实际施工中，通常采用联合接地（共同接地）的方式，应采用专用接地干线由消防控制室接地板引至接地体。专用接地干线应选用截面积不小于 25 mm² 的塑料绝缘铜芯电线或电缆两根。联合接地时，接地电阻值应小于 1 Ω。

系统采用控制器端单点接地方式，施工中应将系统中控制器的接地点连接在同一点，由这一连接点接入屏蔽地线连接端。除此之外，该系统中的总线、通信线、广播线、对讲线等均不得与任何形式的地线或中性线连接，以防止设备误动作。

由消防控制室接地板引至各消防设备的接地线，应选用铜芯绝缘导线或电缆，其线芯截面积应不小于 4 mm²，不得利用镀锌扁钢或金属软管。由消防控制室引至接地体的接地干线在通过墙壁时，应穿入钢管或其他坚固的保护管，以确保接地装置的可靠性。

系统地与动力地、工作接地和保护接地都应严格分开，不得利用金属软管作为保护接地导体。直流接地、安全接地、功率接地、屏蔽与抗静电接地参照信息通信系统接地方法。

各种火灾报警控制器、防盗报警控制器和消防控制设备等电子设备的接地及外露可导电部分的接地，均应符合接地及安全的有关规定。

接地装置施工完毕后，应及时作隐蔽工程的验收。

图1—68是不同消防设备耐火耐热配线示例。

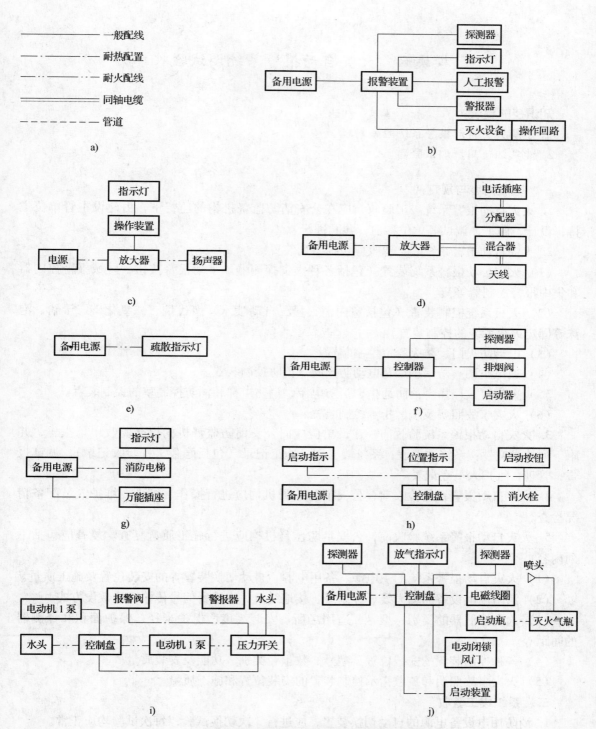

图 1—68　不同消防设备耐火耐热配线示例

a）配线符号含义　b）火灾自动报警设备至系统配线　c）火灾广播系统配线　d）有线电视系统配线　e）疏散
照明系统配线　f）防排烟系统配线　g）消防电梯供电系统配线　h）室内外消火栓设备系统配线
i）喷洒水、喷雾灭火设备系统配线　j）CO$_2$、干粉灭火设备系统配线

模块六　火灾自动报警系统调试验收

知识技能要求
1. 了解火灾自动报警系统验收内容。
2. 能熟练使用加烟试验器。

一、验收内容与规定
1. 火灾自动报警系统竣工验收，应在公安消防监督机构的监督下，由建设主管单位主持，设计、施工、调试等单位参加，共同进行。
2. 火灾自动报警系统竣工验收应包括下列装置：
（1）火灾自动报警系统装置（包括各种火灾探测器、手动报警按钮、区域报警控制器和集中报警控制器等）。
（2）灭火系统控制装置（包括室内消火栓、自动喷水、卤代烷、二氧化碳、干粉、泡沫等固定灭火系统的控制装置）。
（3）电动防火门、防火卷帘控制装置。
（4）通风空调、防烟排烟及电动防火阀等消防控制装置。
（5）火灾事故广播、消防通信、消防电源、消防电梯和消防控制室的控制装置。
（6）火灾事故照明及疏散指示控制装置。
3. 火灾自动报警系统验收前，建设单位应向公安消防监督机构提交验收申请报告，并附下列技术文件：系统竣工表；系统竣工图；施工记录（包括隐蔽工程验收记录）；调试报告；管理、维护人员登记表。
4. 火灾自动报警系统验收前，公安消防监督机构应进行操作、管理、维护人员配备情况检查。
5. 火灾自动报警系统验收前，公安消防监督机构应进行施工质量复查。复查应包括下列内容：
（1）火灾自动报警系统的主电源、备用电源、自动切换装置等的安装位置及施工质量。
（2）消防用电设备的动力线、控制线、接地线及火灾报警信号传输线的敷设方式。
（3）火灾探测器的类别、型号、适用场所、安装高度、保护半径、保护面积和探测器的间距等。
（4）各种控制装置的安装位置、型号、数量、类别、功能及安装质量。
（5）火灾事故照明和疏散指示控制装置的安装位置和施工质量。

二、系统竣工验收
1. 消防用电设备电源的自动切换装置，应进行 3 次切换试验，每次试验均应正常。
2. 火灾报警控制器按下列要求进行功能抽验：
（1）实际安装数量在 5 台以下者，全部抽验。
（2）实验安装数量在 6～10 台者，抽验 5 台。
（3）实际安装数量超过 10 台者，按实际安装数量30%～50%的比例、但不少于 5 台抽验。抽验时，每个功能应重复 1~2 次，被抽验控制器的基本功能应符合现行国家标准 GB 4717-2005《火灾报警控制器》中的要求。

3. 火灾探测器（包括手动报警按钮）应按如图 1—69 所示方式安装，并按下列要求进行模拟火灾响应试验和故障报警抽验。

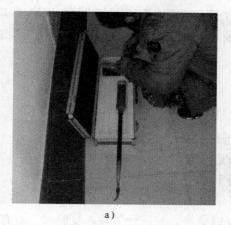 

a)   b)

图 1—69   使用加烟试验器对感烟探测器进行检验
a）组装加烟试验器   b）检测感烟探测器

（1）实际安装数量在 100 只以下者，抽验 10 只。

（2）实际安装数量超过 100 只者，按实际安装数量 5%~10% 的比例、但不少于 10 只抽验。

4. 室内消火栓的功能验收应在出水压力符合现行国家有关建筑设计防火规范条件下进行，并应符合下列要求：

（1）工作泵、备用泵轮换运行 1~3 次。

（2）消防控制室内操作启、停泵 1~3 次。

（3）消火栓处操作启泵按钮 5%~10% 的比例抽验。

5. 自动喷水灭火系统的抽验，应在符合现行国家标准《自动喷水灭火系统设计规范》的条件下，抽验下列控制功能：

（1）工作泵、备用泵转换运行 1~3 次。

（2）消防控制室内操作启、停泵 1~2 次。

（3）水流指示器、闸阀关闭器及电动阀等按实际安装数量 10%~30% 的比例进行末端放水试验。

以上控制功能、信号均应正常。

6. 卤代烷、泡沫、二氧化碳、干粉等灭火器材的抽验，应在符合现行各有关系统设计规范的条件下按实际安装数量的 20%~30% 抽验下列控制功能：

（1）人工启动和紧急切断试验 1~3 次。

（2）与固定灭火设备联动控制的其他设备（包括关闭防火门窗、停止空调风机、关闭防火阀、落下防火幕等）试验 1~3 次。

（3）抽一个防护区进行喷放试验（卤代烷系统应采用氮气等介质代替）。

上述试验控制功能、信号均应正常。

7. 电动防火门、防火卷帘的抽验，应按实际安装数量的 10% ～20% 抽验联动控制功能。其控制功能、信号均应正常。

通风空调和防排烟设备（包括风机和阀门）的抽验，应按实际安装数量的 10% ～20% 抽验联动控制功能。其控制功能、信号均应正常。

消防电梯的检验应进行 1～2 次人工控制和自动控制功能检验。其控制功能、信号均应正常。

8. 火灾事故广播设备的检验，应按实际安装数量的 10% ～20% 进行下列功能检验：

（1）能在消防控制室选层广播。

（2）共用扬声器强行切换试验。

（3）备用扩音控制功能试验。

9. 消防通信设备的检验，应符合下列要求：

（1）消防控制室与设备间所设的对讲电话进行 1～3 次通话试验。

（2）按电话插孔实际安装数量的 5% ～10% 进行通话试验。

（3）消防控制室的外线电话与"119"进行 1～3 次通话试验。

上述功能应正常，语音应清楚。

各项检验项目中有不合格者时，应限期修复或更换，并进行复验。复验时，对有抽验比例要求的，应进行加倍试验。复验不合格者，不能通过验收。

模块七　消防系统值机与维护

知识技能要求

1. 熟悉火灾报警控制器显示的各种报警信息。

2. 掌握运行值班的检查内容及值班记录填写的内容和方法。

3. 熟练掌握火灾事故紧急处理程序。

一、消防控制室值机制度及值机人员工作守则

1. 消防控制室值机人员配备

（1）由于各单位消防控制室大小不一，系统功能差别较大，因此，对人数没有统一的规定，但是每班至少两人，其中一人为领班。一旦出现报警信号，一人在控制室坚守岗位，另一人去现场确认。控制室里不能无人或找非专业人员代替。

（2）应保证 24 h 有专人监控，以便及早发现火情。每班连续工作时间不应超过 12 h。

（3）对人员素质的要求。上岗人员必须经过培训，具有高中以上文化程度和良好的身体素质。年龄宜为 18～45 岁。热爱本职工作，有高度的工作责任感。

2. 消防控制室值机人员工作守则

（1）负责对各项消防控制设备的监视和使用，不得擅自离开工作岗位。

（2）熟悉本系统消防设施的基本原理、功能、操作技术。消防值班人员不得随意拆卸或停用消防控制室的设备。

（3）掌握和了解消防设施的运行、误报警、故障等有关情况，及时发现运行中的问题。对于故障要严格按制度进行登记、汇报。

（4）负责对消防设施的每日检查，并认真填写《消防控制室值班记录》和《系统每日运行登记表》。配合本单位的维护计划，定期对各种消防设施进行检查，保证自动消防设施的完好有效。

（5）熟练掌握《消防控制室火灾事故紧急处理程序》，火灾情况下能够按照程序开展灭火救援工作。发生火灾报警时要尽快确认，及时、准确地启动有关消防设备；直接向"119"报警，不得迟报或隐瞒；正确有效地组织人员疏散，给领导当好参谋。消防队员到场后，要如实报告情况，协助消防队员工作，并保护好现场及原始记录。

（6）宣传贯彻消防法规，遵守防火安全管理制度。积极参加学习及培训，不断提高业务水平，以高度的责任感完成各项技术工作和日常管理工作。

二、消防控制室值机人员的工作内容

消防控制室是建筑物的消防指挥部，它直接关系到建筑物平时消防监控和火灾时的消防指挥，对建筑物的消防安全具有重要意义。

在消防控制室内，主要设备是火灾报警控制器，它是火灾自动报警和消防联动系统的心脏。对它的操作主要在两方面：读识系统各种状态信息；能对有关消防设备进行控制。

为了读识控制器信息，值班员要进行一些基本操作。利用面板上的功能键，可以完成以下操作（以国泰 GK601 控制器为例）。

1. 处理火灾报警控制器的报警信息

消防报警控制器上安装有各类状态显示信号灯和操作键，以便于值机人员观察和操作。控制器面板上常有的显示灯和操作键见表1—7。

表1—7　　　　　　　　　　控制器面板上的显示灯和操作键

名称	数量	颜色	名称	数量	颜色
总火警灯	1个	红色	联动灯	1个	红色
故障灯	1个	黄色	自动方式灯	1个	绿色
隔离灯	1个	黄色	测试灯	1个	绿色
消音灯	1个	绿色	主电源运行灯	1个	绿色
请求灯	8个	绿色	启动灯	8个	红色
回答灯	8个	绿色	故障灯	8个	黄色
复位键	1个		消音键	1个	
自检键	1个		确认键	1个	
功能键（F1～F6）	6个		数字键（0～9）	10个	
液晶显示器	1块		热敏打印机	1台	

在没有火警、联动、故障发生或每次复位之后，报警主机显示正常运行画面，如图1—70所示。

功能键说明：

F1——设置：可执行查询、打印、网络、回路、控制矩阵等项的编程操作。

F2——数据：可观察指定器件的动态跟踪曲线。

F3、F4——当前事件查询。

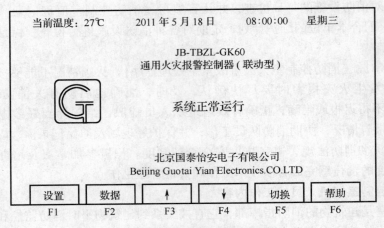

图1—70 GK601控制器报警主机正常运行

F5——切换：实现屏幕在不同状态下的切换。

F6——帮助。

2. 火灾报警控制器的基本操作

（1）接通电源。电源有交流电源（主电）和直流电源（备电）两种。

1）交流电源。220 V交流电源要求由两条各自独立的回路供电，在线路末端进行自动或手动切换，以保证交流供电电源的可靠性。

2）直流电源。能够变成24 V直流输出，可以用UPS电源或蓄电池，输出回路数由系统规模决定。正常情况下，交流电源运行，直流电源处于充电状态，一旦交流电源失电，直流电源应立即自动投入运行。接通电源后，面板上对应的交流电源指示灯或直流电源指示灯亮。系统一经投入运行，正常情况下，电源便不再关闭。

（2）自检。按下面板上的"自检"键，机器将自动进行自检，液晶屏显示自检画面，依次鸣叫动作音、故障音、火警音。

（3）复位。"复位"键主要是使控制器恢复初始监视状态。按下操作面板上的"复位"键后，提示输入密码，此时若输入密码正确，控制器复位后将所有火警、联动、故障等显示信息全部清除并重新开始运行。

（4）消音。"消音"键用来关闭控制器发出的音响。当控制器报警发出音响时，按面板上的"消音"键，系统即刻关闭音响，同时消音灯亮。

（5）自动控制转换。用于自动联动和手动联动之间的转换。在一般情况下置于手动联动状态，当火灾发生时，自动或由值机人员将它切换为自动联动状态。

（6）设置

1）实时时钟的设置包括年、月、日、时、分、秒，在正常运行状态下，可以通过调整时钟的方式进行校准。按下"设置"键，可以对其进行校时调整。

2）打印状态可以设置为自动打印，当控制器有事件发生时，在即时打印允许情况下，将自动打印出实时信息（发生事件的位置、事件类型、发生的时间及控制器编号）。

3）密码是值机人员登录的口令，只有拥有密码的值机人员才可以对内部的数据进行浏览和管理，通常消防报警控制器设有三级密码。

（7）查询。控制器可自动记录系统运行过程中的各种事件，并可手动查询。包括火警、故障、开机、关机、启动、停止、自动控制转换等。每台控制器可存储事件记录的条数因不同产品而异，一般为256~1 024条。对于小型机，它的设置功能、查询功能也可在菜单下进行。

3. 监视系统运行状态的显示

控制器状态分为正常、火警、联动、故障4种，对于不同状态除有信号灯的显示外，还有液晶屏显示（或CRT显示）。液晶屏显示优先级为：火警→联动→故障→正常。当上述4种情况同时发生时，则按所规定的优先级在液晶屏上显示。只有当较高一级事件排除并复位之后，才会显示其他事件。通过按"切换"键可在不同事件之间切换。

4. 监视系统火灾的显示

（1）火警显示。在火警状态时，火警信号灯亮，液晶显示屏应显示出火警报警时间、触发元件（探测器或手报按钮）类别、发生位置的中文显示等报警显示参数，如图1—71所示。当同时有多处报警时，显示屏均有显示数据的储存，可用"翻页"键逐条浏览。

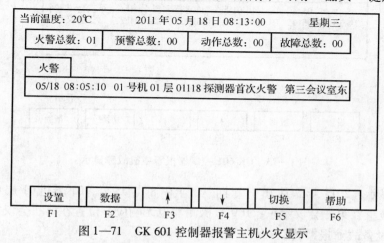

图1—71　GK 601 控制器报警主机火灾显示

（2）联动显示。当有联动事件发生时，联动信号灯亮，液晶屏显示出联动信息，指出已动作的设备名称。联动功能是通过模块实现的，故液晶屏上同时显示出模块种类及地址码。液晶屏显示如图1—72所示。

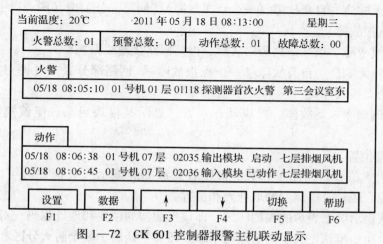

图1—72　GK 601 控制器报警主机联动显示

发生火警和联动动作之后面板上的火警灯闪亮，同时音响器发出火警音响。

图1—72显示：2011年5月18日星期三，上午8点05分01号机01层01区118号探测器报火警，位置在第三会议室东；8点06分01号机07层02区35号输出模块启动，位置在7层排烟风机处，01号机07层02区36号输入模块已动作，位置在7层排烟风机处。

5. 监视设备故障的显示

（1）读识故障信息。在故障状态时，故障信号灯亮，液晶显示屏应显示出故障报警时间、故障类别、发生位置的中文显示。同时有多处故障报警时，均匀有显示，或可用翻页形式逐条浏览。如图1—73所示。

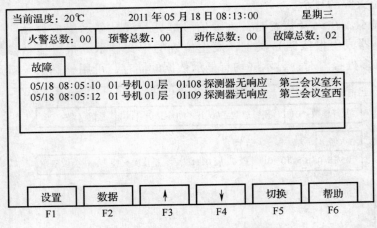

图1—73　GK 601控制器报警主机故障显示

图1—73显示：2011年5月18日星期三，上午8点05分，01号机01层01区108号探测器无响应，位置在第三会议室东；109号探测器也无响应，位置在第三会议室西。

（2）常见设备故障报警类型

1）电源故障。AC 220 V故障，显示主电故障（黄色灯亮）；DC 24 V故障，显示备电故障（黄色灯亮）。

2）消防报警系统本身故障。主机接地、485通信故障。

3）探测器无响应。自身故障（一个点报故障）、回路部分丢失（两点以上报故障）、断路（连续多个点报故障）。

4）信号总线故障。报某回路短路故障、报某回路接地故障。

5）输入模块无响应。自身故障（一个点报故障）、回路部分丢失（两点以上报故障）、断路（连续多个点报故障）。

6）输出控制命令拒动故障。模块动作正常，显示某模块启动，但该模块已动作却未显示。

6. 确定报警位置

（1）确定火灾位置。在图1—71中可以看到液晶屏显示火灾报警的年、月、日、时、分，机号、层号、区号，探测器的地址码和位置。

值班员应从显示屏上表示的探测区域，即该探测器的位置和地址编码，对火灾报警位置所属区域有一个初步辨认。只了解这点还不够，还要辨认属于哪个防火分区和防烟分区，以便于组织人员的疏散和操作相关消防设备。

值班员可以通过控制室内的建筑物绘图列表、模拟屏等多种方式，对本建筑的防火分区、防烟分区加以全面掌握。当然，进一步确认报警位置，需由值班人员亲临报警地点查看。

（2）确定故障报警位置。对于故障报警，首先根据显示屏提示内容，分辨出是属于哪类故障。然后通过控制室内的建筑物绘图列表、模拟屏等多种方式，确定故障报警位置。

7. 处理报警信息

（1）对火灾报警信息的处理。对火灾报警信息首先需要确认。人工确认是通常采用的方法，由值班人员派人前去检查，确定报警地点是否发生火灾，并用插孔电话及时通告消防控制室。

确认后有以下两种情况出现：

1）未发生火灾，属于误报。通知消防控制室为探测器误报；对误报探测器进行检查、清洗或更换，并对其进行误报原因分析；将误报探测器故障处理后，对主机进行复位，使之正常运行；做好日常记录。

2）确实发生火灾。

（2）对设备报警信息的处理。接到设备报警且故障不能马上排除的情况下，为了不影响整个系统的运行，运用控制器对设备隔离与开放的功能，可以将故障设备隔离，系统不再监视其运行情况，待器件修复后，再将其开放，使之恢复正常工作状态。

当系统中有器件被隔离时，面板上"隔离"指示灯亮，通过操作面板可以手动操作查询隔离器件的详细信息，同时做好值班记录，汇报上级。

三、消防控制室值机人员对火灾报警事件的应急处理

1. 应急处理

在消防控制室内，应张贴《消防控制室火灾事故紧急处理程序》，消防值机人员应熟悉掌握处理程序。图1—74所示为"火灾紧急处理程序"举例，各单位应结合本单位的管理要求，制定相应的处理程序。

（1）火灾报警的确认。确认火灾信号：在消防控制室内，接收到火灾报警信息后，控制室将出现火警报警的声、光信号，同时显示屏上显示报警时间、报警地点探测区域的记录。

若报警信息来自探测器报警或水流指示器报警，由于这些环节相对误报率较高，按目前各智能楼宇内的实际情况，将不会针对这些单一信号立刻直接进行消防操作，以免误报引起对正常生活和工作的干扰。一般可以从以下两方面来加以确认：

1）程序设置中采用逻辑控制。在编程中，设置"与"门信号作为启动条件，如将两个探测器的信号进行"与"操作，或探测器报警、水流指示器报警及手报按钮的信号进行"与"操作，探测器与消火栓泵启动按钮的信号进行"与"操作等作为确认信号。

2）进行人工确认，人工确认是最可靠的措施。在消防控制室值班员的两人中，一人坚守在消防控制室，另一人带着专用的消防对讲机，按显示屏上提供的报警地点实地确认。去实地确认的值班员要沉着镇定，把情况及时通知消防控制中心，不要延误时间；讲清着火位置、燃烧的是什么物质、火势大小、有无人员被困。控制中心值班人员接警，了解到火灾发生的情况后，及时向有关部门报告；各相关单位组织在场人员立即救火和疏散人员、物资；火警值班人员必须坚守岗位，保证通信联络畅通，并做好记录。

（2）启动应急广播及求救系统。控制中心的值班人员接到报警后，应该操作消防报警

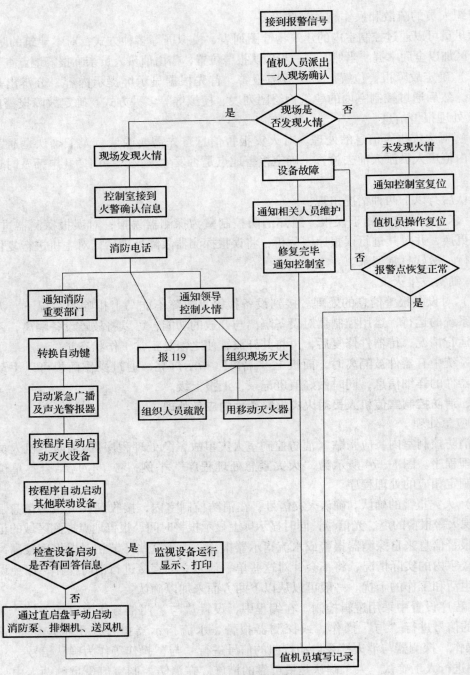

图1—74 火灾紧急处理程序

设备动作。对于有完善的自动联动系统的楼宇设备，只需用"确认"键或手自动转换键加以确认，声光警报器发出报警和启动应急广播将自动进行。对于自动化程度较差的系统，值班人员要立即对报警设备进行人工操作。

1）声光警报器发出警报。火灾信息确认后，值班人员应立即打开相应防火分区的声光警报器。

2）启动应急广播。火灾信息确认后，值班人员应切换相应防火分区的应急广播。

3）消防电话求救。当火灾发生时，迅速用消防电话求救是控制中心的值班人员应及时进行的一项工作。向领导汇报的同时，消防值班人员可以用消防专用电话的群呼功能，通知各相关部门。

消防值班室应有直拨"119"的电话，及时通过电话向火警"119"台报警。

（3）组织人员疏散。发生火灾时，如有人员被火围困，要立即组织力量抢救，坚持救人第一的原则。这项工作由单位消防负责人组织完成，消防值班员应配合工作。也可利用广播指挥疏散工作。

2. 按程序启动消防联动设备

（1）启动水灭火系统

1）消火栓系统。消火栓是消防系统各设备中可操作位置最多的设备，它能在消火栓各启动按钮、消防控制室、消防泵房内等多处启动。在消防控制室内，又有总线自动控制方式和手动直接控制方式。只要有一处操作，消火栓泵就会启动。在消火栓按钮上有发光二极管亮，说明消火栓泵已启动。消防队员可以接上消火栓水带，操作灭火。控制器上若看不到消火栓泵已启动的回答信号，可利用直启盘操作启动。

2）水喷淋系统。水喷淋系统是靠着火时温度升高触发相应的传感器，来自动启动喷水系统的。联动功能只是自动启动喷淋泵。控制器上若看不到喷淋泵已启动的回答信号，可利用直启盘操作启动。

（2）启动气体灭火系统。火灾要经人工确认后，气体灭火系统才延时启动，一般调整延时时间为 30 s，驱动气体，利用压力释放灭火剂。释放灭火剂的同时，放气灯点亮，并发出声光报警信号。在控制室内可以看到监视信号。

（3）防烟排烟设备的配合动作

1）有联动控制的系统，发出确认命令，按程序设定开启正压送风机及其相关层的送风口。如果用直启盘启动，要区分防火分区。控制器上若看不到送风机已启动的回答信号，可利用直启盘操作启动。

2）有联动控制的系统，发出确认命令后，程序按设定开启排烟机及其相关层的排烟口。如果用直启盘启动，要区分防烟分区。控制器上若看不到排烟机已启动的回答信号，可利用直启盘操作启动。

（4）其他设备的配合动作。以下设备不要求在控制器的直启盘上对它们直接操作，一般只能靠联动功能完成。

1）对防火卷帘的控制。当联动控制的系统发出确认命令时，防火卷帘按规定程序动作。

2）对防火门的控制。失火发生时常开的防火门应通过控制总线自动关闭，以免烟气扩散。

3）通风空调管道。失火时，通风管道内的气体达到一定温度，系统会关闭相应的 70℃ 防火阀，同时切断通风空调机。

4）切断非消防电源。联动切断本层非消防电源。

5）电梯迫降到首层。所有电梯迫降到建筑物首层。

6）启动消防应急照明系统。

观察在控制器上是否有上述动作发生的回答信号，如果没有设备已经动作的回答信号，说明某些系统有故障。有的厂家配有设备操作盘，可以通过主机单独启动，或根据火灾大小和本建筑的具体情况，用电话通知有关部门尽量采取补救措施。

四、火灾自动报警系统的检查与维护

1. 日常检查

（1）按规定流程进行日检

1）对电源的检查

①检查交流电源状态。系统的交流电源是两条各自独立的供电回路，互为备用，一条有故障时自动切换到另一条。值班人员每天要检查是否发生线路的切换，原因是什么，是人为切换还是有故障时自动切换，故障线路是否修复。用自备发电机的单位，要检查自备发电机的启动条件，能否立即投入备用电源使用。交流电源不能采用漏电保护，不能用插头供电，要用专线，不能环链供电。

②检查直流电源状态。直流备用电源一般是专用蓄电池或外接蓄电池组。向 CRT 显示器供电时，要求采用 UPS 不间断电源。检查蓄电池是否正常时应切断主电源，观察备用电源是否正常投入运行。目前，蓄电池已达到免维护的水平，备用电源只需要定期充放电即可。

2）对控制器的检查

①操作控制器自检装置，观察控制器声、光报警情况。按下面板上的"自检"键，机器将自动进行自检，液晶屏（CRT 显示屏）显示自检画面，依次鸣叫动作音、故障音、火警音。

②模拟强火灾信息（火灾探测器或手动报警按钮），控制器处于火灾报警状态，观察控制器的画面提示，声、光报警信号及记忆情况。控制器应具有存储和打印火灾报警的部位及时间的功能。

③控制器第一次报警时，手动消除报警声音，此时如再有故障或火灾报警信号输入时，应能重新发出报警声音，指示出报警部位并予以保持，直到手动复位为止。

（2）系统运行值班记录的填写（见表1—8、表1—9）。表1—8 规定了系统运行值班记录每日须填写的内容，尤其是误报和故障情况，便于及时了解设备的运行状态，为设备管理提供依据。

表1—8　　　　　　　　　　　　　**系统运行日登记表**

单位名称：

设备运行状态		报警性质				报警部位原因及处理情况	值班员			备注
正常	故障	火警	误报	故障报警	漏报		（　）~（　）时	（　）~（　）时	（　）~（　）时	

表1—9 　　　　　　　　　　　　　　　　　控制器日检登记表

单位名称						控制器型号				
时间	自检	消音	复位	故障报警	巡检	电源			检查人	备注
						主电源	备用电源			
检查情况						故障及排除情况				防火负责人

　　表1—9规定了每日应进行的主要日常工作,对集中报警控制器及其相关设备都应进行检查,做到随时发现问题,及时处理。有自检、巡检功能的,可以通过自检、巡检开关,达到检查目的。没有自检、巡检功能的,可以用探测器加烟的办法,达到对控制器功能检查的目的。同时检查消音、复位、故障报警等功能是否正常。

　　2. 维护

　　(1)制订自动报警系统的维护计划。表1—10为日检、季检内容安排维护计划。

表1—10 　　　　　　　　　　　　　　自动报警系统的日检、季检内容

系统名称	检查项目	检查内容	检查方法	检查要求	备注
火灾自动报警系统	每日检查	消防控制室主、备电源检查	外观检查、巡检测试; 切断主电源,看设备是否从主电源切换到备用电源供电	交流电源是否有自动切换的情况; 备用电源投入时指示灯应亮起	填写《控制器日登记表》
		对控制器的检查	用控制器面板上的操作键操作,观察其显示情况	按"自检""复位""消音"键检查画面和声音; 模拟失火信息后的显示、报警、记忆、打印功能	

系统名称	检查项目	检查内容		检查方法	检查要求	备注
火灾自动报警系统	季度检查	消防控制室主、备电源检查		人工切换主备电源，且备用电源要定期人工充放电	主电源切断后，自动转换到备用电源供电。4 h 后，再恢复主电源供电，看是否自动转换。检查备用电源是否正常充电	填写《控制器检查登记表》
		对控制器的检查		除每日的检查外，拆下某一火灾探测器，用专用加烟（加温）等试验器进行模拟失火报警试验	在不同故障、不同回路间切换时，火警有优先报警显示，报警记忆功能正常	
		对控制器的检查		连续两次模拟故障或失火	"消音"后，重新启动报警功能	
		手动报警按钮	外观	外观检查	无腐蚀、脱落	
			报警功能	手动检测	应有报警，信号显示正常	
		消防紧急广播	强切功能	模拟失火信号，启动消防紧急广播	建筑物相应部位的扬声器能清楚听到广播	
		消防电话	通信功能	在消防控制室中与所有固定电话及电话插孔上进行通话试验	通话应畅通，语音应清楚	
		区域显示器	报警功能	用专用加烟（加温）等试验器进行模拟失火报警试验	有报警功能	
			报警显示功能		有报警信号显示	
			消音复位	手动消音复位	能够手动消音复位	

1）每年分批对已安装的探测器进行吹灰尘处理（一般用高压气枪或吸尘器）。

2）每季度试验探测器不应少于总数的 25%。火灾探测器应正常动作，确认灯显示清晰。试验中发现有故障或失效的探测器应及时拆换。

3）多次误报的火灾探测器应检查现场，有无蒸汽、烟雾、粉尘等影响探头正常工作的环境，是否有电磁干扰存在，应在安排年度维修计划中安排检查排除。

4）按国家规范规定火灾探测器投入运行两年后清洗一遍，以后应每隔三年全部清洗一遍，并做相应阈值及其他必要的功能试验，合格者方可继续使用，不合格者严禁使用。

（2）其他消防设备的维护计划。表 1—11 为其他消防设备季检、年检内容安排维护计划。

表 1—11　　　　　　　　　　　　　　自动报警系统的季检、年检内容

系统名称	检查项目	检查内容		检查方法	检查要求	备注
强电接地端子	季度检查	接地	工作接地	使用专用仪器检测	电阻值应小于4Ω	填写《季度检查登记表》
			联合接地		电阻值应小于1Ω	
			报警控制器接地	外观检查	有明显标志、接地牢固	
		所有接线端子		外观检查	无松动、破损和脱落	
	年度检查	所有转换开关		外观检查，转动	端子无松动，转换正常	填写《年度检查登记表》
		所有消防设备的动力电源		切换操作	两路电源，末端切换	
联动功能	季度检查	强切功能		置联动状态，失火确认后	非消防电源断开	填写《季度检查记表》
		强启功能		置联动状态，失火确认后	应急照明及疏散指示灯亮，且不受现场开关控制	
		卷帘门		使用专用加烟（加温）等试验器进行模拟失火报警试验	按预定程序分两步下降或一步到底，防火卷帘门应关闭，且无变形、扭曲情况	
		消防电梯		进行迫降试验	能够强制停于首层	
		固定式气体灭火		外观巡视，测试	能测出管网系统的密封情况，读出压力表指针数值	
联动功能	半年检查	排烟风机		使用专用加烟（加温）等试验器进行模拟失火报警试验	能够启动排烟风机和排烟阀，并有反馈信号	填写《年度检查登记表》
		正压送风机		使用专用加烟（加温）等试验器进行模拟失火报警试验	能够启动正压送风风机和送风口，并有反馈信号	
		补风机		地下室排烟机启动	补风机启动，并有反馈信号	
		通风机		置联动状态，失火确认后	停机，并有反馈信号	

练 习 题

一、填空题

1. 常用的火灾探测器有_____、_____、_____、_____等。

2. 火灾自动报警系统按线制分_____和_____两种。

3. 房间高度超过 8 m，不适合选用_____探测器，房间高度超过 12 m 时，不适合选用_____探测器。

4. 对于粉尘较多，烟雾较大的场所（如厨房，地下车库），不能选用_____探测器。

5. 火灾报警控制器可分为_____、_____、_____3 种。

6. 消防电源控制盘的输入电压为 AC 220 V，输出电压为_____。

7. 火灾探测器的选用应按照国家标准_____、_____。

8. 在总线制火灾自动报警系统中，_____模块可以防止由于总线某处故障而造成的全系统瘫痪。

9. 对于不具备自然排烟条件的场所，应采用_____。

10. 火灾自动报警及联动控制系统从功能来说，分为_____、_____和_____三方面功能。

二、选择题

1. 火灾报警控制器在接受火灾报警信息后，（   ）是不对的。

A. 发出火灾报警，指示报警的具体部位及时间

B. 有火灾报警记忆功能

C. 有优先级别处理功能

D. 有误报信号的自动识别和自动恢复功能

2. 消防系统的功能是通过（   ）监测火灾发生时产生的烟雾、火光、热气等火灾信号，发出声光报警信号，同时联动有关消防设备实现控制灭火。

A. 红外探测器   B. 烟感探测器

C. 火灾探测器   D. 温感探测器

3. 《系统运行日登记表》填写的常见故障报警不包括（   ）。

A. 电源故障   B. 探测器无响应

C. 信号总线故障   D. 消防泵故障

4. 楼宇中央控制室值机人员交接班时不应进行的操作是（   ）。

A. 认真仔细地检查各设备的运行情况

B. 查看上班的运行记录

C. 检查中央操作站的主机是否关闭

D. 检查仪器、工具等物品是否齐全完好

5. 对于值班原始记录目的的描述不准确的是（   ）。

A. 对报警做累计   B. 各种信号的分析和总结

C. 可以改善系统的工作态势   D. 存档备查

6. 总线式火灾报警控制器引出的线路，（   ）。

A. 只有一条信号总线

B. 每一条信号总线串联多个设备

C. 信号总线应通过模块连接多个设备

D. 每一条信号总线可以并联多个带地址码的设备，可以有多条信号总线

7. 消防控制室内，电源控制盘能提供（   ）电源。

A. 24 V 交流　　　B. 24 V 直流　　　C. 12 V 直流　　　D. 36 V 直流

8. 接到火灾报警信号时的紧急处理办法，（   ）是不对的。

A. 发生火灾时要尽快确认，启动有关消防设备

B. 尽快向"119"报警，协助引导人员疏散

C. 为了争取灭火时间，可不经确认，直接启动广播和消防设备

D. 配合消防队员的工作，保护好现场及原始记录

三、判断题

1. 采用总线式火灾报警控制器，所有探测器都串联在总线上。　　　　　　（   ）

2. 消防电源是采用直流 24 V 或 12 V。　　　　　　　　　　　　　　　　（   ）

3. 对于燃烧过程极短暂的爆炸性火灾应采用感温探测器。　　　　　　　　（   ）

4. 消防控制室每班至少两人值班，一旦出现报警信号，一人在控制室坚守岗位，另一人去现场确认。　　　　　　　　　　　　　　　　　　　　　　　　　　（   ）

四、问答题

1. 火灾自动报警系统对交流电源有什么要求？

2. 不同建筑的消防特点是什么？

3. 火灾报警控制器的系统运行状态及优先级别是什么？

五、实操题

1. 探测器的基本安装要求及步骤。

2. 消防值班人员对火灾报警控制器的基本操作。

3. 消防值班人员如何处理报警信息。

第二单元　消防通信与消防广播

模块一　消防通信设施

知识技能要求

了解消防电话的规格，熟悉对其安装部位的要求。

一、消防电话系统概述

消防专用电话是重要的消防通信工具，它对保证火灾自动报警系统快速反应、可靠报警和消防通信指挥系统的可靠、灵活、畅通起着关键的作用。消防电话是独立的电话系统，应独立布线，不能利用一般电话线路或综合布线中的电话线路。

消防专用电话由总机和分机组成，为独立的消防通信系统，总机与分机之间的呼叫是直通的，中间没有交换或转接程序，保证了中心控制室与分布现场联络的稳定可靠。消防电话系统连线分为多线制和总线制两种，如图2—1所示。

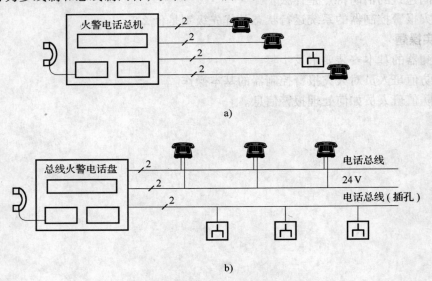

图2—1　消防电话通信连线示意图

a) 多线制电话通信系统　b) 总线制电话通信系统

二、消防电话的规格及安装部位

1. 消防电话的规格及设置要求

（1）消防电话的规格。消防电话是火灾自动报警及联动系统的配套产品，共有4种规格：20、40、60 门和二直线电话，型号分别为 HJ – 1756/20、HJ – 1756/40、HJ – 1756/60 和 HJ – 1756/2。

（2）设置要求

1）消防专用电话网络应为独立的消防通信系统，而不得利用一般电话线路或综合布线系统代替。

2）消防控制室应设置消防专用电话总机，且宜选择共电式电话总机或对讲通信电话设备。消防专用电话总机与电话分机或塞孔之间的呼叫方式应是直通的，而不应有交换或转接程序。

3）二直线电话一般设置手动报警按钮，只需将手提式电话机的插头插入电话插孔内即可向总机（消防中心）通话。

4）电话线应用单独管线敷设，不能与其他线共管。

5）手动火灾报警按钮、消火栓按钮等处宜设置电话塞孔。电话塞孔在墙上安装时，其底边距地面高度宜为 1.3 ~ 1.5 m。

2. 消防专用电话的安装部位

（1）企业消防站、消防值班室、总调度室及消防水泵房、备用发电机房、配变电室、主要通风和空调机房、排烟机房、消防电梯机房等与消防联动控制有关且经常有人值班的机房或控制室。

（2）在手动报警按钮、消火栓按钮等处宜设置插孔电话。

（3）特级保护对象的各避难层应每隔 20 m 设置一个消防专用电话分机或电话插孔。

（4）消防控制室、消防值班室或企业消防站等处应设置可直拨"119"报警的外线电话。

模块二 消防广播系统

知识技能要求

1. 了解消防广播的功能。

2. 熟练掌握楼层控制顺序及设计原则。

一、消防广播系统概述

消防广播作为建筑物的消防疏散指挥系统，在整个消防系统中起着极其重要的作用。消防广播系统指当发生失火等事故时，可将失火疏散层的扬声器和公共广播扩音机强制转入火灾应急广播状态，并实现分区控制的广播系统。建筑面积大、楼层多、结构复杂、人员集中的楼宇，一旦发生火灾，人员疏散十分困难。利用消防广播系统，可以统一指挥，指导人们有序疏散，迅速撤离危险场所。

消防广播系统包括背景音源部分、紧急广播的音源与切换部分。火灾发生时，控制中心报警系统应设置消防广播系统，集中报警系统宜设置消防广播系统。在智能建筑和高层建筑内或已安装广播扬声器的建筑内设置消防广播时，要求原有广播音响系统具备消防广播功能。即当发生火灾时，无论扬声器当时处于何种工作状态，都应能紧急切换到火灾事故广播线路上。火灾应急广播的扩音机需专用，但可放置在其他广播机房内，在消防控制室应能对它进行遥控自动开启，并能在消防控制室直接用话筒播音。发生火灾时，应急广播发出警报时不能采用整个建筑物消防广播系统全部启动的方式，而应该仅向着火楼层及与其相关楼层进行广播。

二、消防广播的楼层控制顺序

当大楼的某层发生火灾时，一般不必对整幢大楼同时进行火情广播，以免导致大楼内人员疏散秩序混乱，造成"二次伤害"。火灾事故广播输出分路应按疏散顺序控置，播放疏散指令的楼层控制程序如下：

1. 二层及二层以上楼层发生火灾，宜先接通着火层及其相邻的上下层。

2. 首层失火，宜先接通本层、二层及地下各层。

3. 地下室失火，宜先接通地下各层及首层。若首层与二层有较大共享空间时应包括二层。

4. 含多个防火分区的单层建筑，应先接通着火的防火分区及其相邻的防火分区。

三、消防广播的设置原则

大多数情况下，消防广播与自动报警及联动控制系统配套设置。在大楼内通常将火灾应急广播与公众广播合为一个系统，平时播放公众广播，火灾事故时，转入火灾应急广播。两种广播兼用，可减少设备和线路，节省投资。

消防广播的设置原则有：

1. 火灾时应能在消防控制室操作，强制转入火灾事故广播状态，即具有优先火灾事故广播功能。

2. 消防控制室应能监控用于火灾应急广播时的扩音机的工作状态，应具有遥控开启并监控扩音机和采用传声器播音的功能。

3. 床头控制柜内设有服务性音乐广播扬声器时，应有火灾应急广播功能。

4. 走廊、大厅、餐厅等公共场所，扬声器的配置数量应能保证从本层任何部位到最近一个扬声器的步行距离不超过 25 m；在走廊交叉处、拐弯处均应设置扬声器；走廊末端最后一个扬声器距墙不应大于 8 m。

5. 扬声器的功率

（1）走廊、大厅、餐厅等公共场所设的扬声器，额定功率不应小于 3 W；客房内扬声器的额定功率不应小于 1 W。

（2）设在背景噪声干扰场所内的扬声器，在其播放范围内最远的播放声压级别应高于背景噪声 15 dB，并据此确定扬声器的功率。

6. 广播音响系统扩音机应设火灾事故广播备用扩音机，其容量不应小于火灾时需同时广播的范围内火灾应急广播扬声器最大容量总和的 1.5 倍。

7. 火灾事故广播应采用定压式输出，一般宜采用 120 V。

模块三　其他相关系统

知识技能要求

了解消防应急照明、疏散指示标志、消防电梯等相关系统的火灾联动知识。

一、消防事故声响系统

消防事故警铃或声光报警器一般安装于走廊、楼梯等公共场所。全楼设置的火灾事故警铃系统，宜按防火分区设置，其报警方式与火灾事故广播相同，采取分区报警。设有火灾事故广播系统后，可不再设火灾事故警铃系统。在装设手动报警开关处，需装设声光报警器，一旦发现火灾后，操作手动报警开关即可向本地区报警。警铃或声光报警器的工作电压一般为直流24 V，通常嵌入墙壁安装。

二、消防应急照明与疏散指示标志

火灾事故应急照明与疏散指示标志用于保证建筑物在发生火灾时，其重要房间或部位能正常工作；大厅、通道有指明出入口方向及位置的标志，便于有秩序地进行疏散。

火灾事故应急照明包括火灾事故工作照明与火灾事故疏散照明。疏散指示标志包括通道疏散指示灯及出入口标志灯。

事故应急照明灯及疏散指示灯应设玻璃或其他非燃材料制作的保护罩。疏散指示灯如图2—2所示，箭头指示疏散方向。疏散指示灯平时不亮，如遇有火警时接受指令，按要求分区或全部点亮。疏散指示灯的点燃方式分为两类：一类平时不亮，事故时接受指令而点亮；另一类平时即点亮，兼作平时出入口的标志。无自然采光的地下室等处，即需采用平时点亮的方式。事故应急照明灯的工作方式可分为专用和混用两种。专用事故应急照明灯平时不点亮，事故时强行启点。混用事故应急照明灯与正常工作照明一样，平时即点亮作为工作照明的一部分。混用者往往装有照明开关，必要时需在火灾事故发生后强行启点。

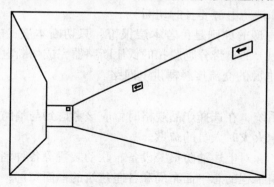

图2—2 疏散指示灯示意

1. 应急照明灯

保证一定的照度要求，便于受困人员的疏散。应急照明灯是在特殊情况下起关键作用的灯具，通电瞬时发光。应急照明灯不能使用延时点亮的灯具且应该不受现场开关线控制。

2. 安全出口指示灯

在安全出口门的上方，应设安全出口指示灯，指导受困人员找到出口。

3. 疏散指示标志

疏散走道和其他主要疏散路线的地面或靠近地面的墙上应设置发光疏散指示标志，要求明亮醒目。在墙上安装的疏散指示标志离地面1 m以下，其间距不大于20 m。在地面安装的疏散指示标志，要求间距较小，使匍匐前进的人员能清楚地辨认。疏散指示标志采用电致发光（蓄电式）和光致发光（蓄光式）均可。

蓄电式疏散指示标志有集中电源装置或灯具自带蓄电池。这些灯具在使用中要注意电工接线正确，对蓄电池要有 24 h 不间断供电。蓄光式要保证平时有一定的光照要求。蓄光式发光标志牌由一种稀土材料制成，在日光或日光灯类光源照射大于 10 h 的条件下，虽然可以维持数小时，但仅能持续几分钟较高的亮度。蓄光式发光标志牌由于本身表面亮度低，在照度大于 1 lx 的场所很难引起人的视觉注意，在有烟雾的情况下，远距离很难识别，近距离依稀可辨，在人员匍匐前进时会起到指示作用，但必须连续设置该种标志牌，否则一旦出现断点就会使撤离人员迷失方向。

三、消防电梯

电梯有消防电梯和一般电梯之分。消防电梯是指供消防人员灭火救人使用的专用电梯（消防电梯也可以与客梯兼用），一般电梯是人们代步的工具。发生火灾时，不论是消防电梯还是一般电梯，都要迫降到首层。消防电梯可由消防人员开启，到各层灭火救人；一般电梯迫降到首层后不能再用，要有防止被再次启动的措施。

在着火期间，消防电梯主要供消防人员使用，以救火和疏散受困人员。高层主体部分最大楼层的建筑面积不超过 1 500 m² 时设置一台消防电梯。消防电梯内应设有电话及消防队专用的操纵按钮。在火灾期间，应保证对消防电梯连续供电不小于 1 h。大型公共建筑中有一般电梯与消防电梯多部，在首层应设"万能按钮"，其功能主要是供消防队操作，使消防电梯按要求停靠在任何楼层，同时其他电梯从任何一个楼层位置降到底层并停止工作。

四、切断非消防电源

在救火过程中，很容易造成电线短路，使人员触电。电线短路又有可能引起二次失火，所以在着火发生时对于非消防电源要及时切断。

1. 切断照明非消防电源的原则是：若本层报警，只切断本层的非消防电源，以免造成混乱。可以利用照明电源上的自带分励脱扣的低压断路器完成切断电路的操作。

2. 切断非消防动力电源的交流接触器供电回路。

五、释放门禁系统

安防系统中的门禁系统，在选择产品规格时就应该考虑到与消防系统的联动配合。一般采用断电释放方式，便于火灾时人员的疏散。

作为消防值机人员，除对上述消防报警设备、联动装置等各种消防设施了解之外，还应该了解的有：本单位建筑工程的总平面布局和各座建筑的平面布局；建筑物的防火间距、消防道路、地下工程情况；建筑物的安全出口、疏散通道、楼梯、电梯的位置；建筑物内的防火防烟分区；防火门、窗、卷帘等相关建筑设施知识。这些知识对于预防火灾发生、防止火灾蔓延是必不可少的，更是组织人员顺利逃生的必要保证。

练 习 题

一、填空题

1. 消防电话是_____的电话系统，应独立布线，可实现总机呼叫_____的电话线路。

2. 消防电话系统连线分为_____制和_____制。

3. 消防广播的设置原则中要求：走廊、大厅、餐厅等公共场所，扬声器的配置数量，应保证从本层任何部位到最近一个扬声器的步行距离不超过____ m；在走廊交叉处、拐弯处均应设扬声器；走道末端最后一个扬声器距墙不大于____ m 。

4. 火灾事故广播应采用定压式输出，一般宜采用_____ V。

5. 电梯有_____电梯和_____电梯之分。发生火灾时，不论是哪类电梯，都要迫降到_____。

6. 当发生火灾时需切断照明非消防电源，切断的原则是：若本层报警，只切断_____的非消防电源，以免造成混乱。

二、选择题

1. 大楼内发生火灾时，对于下列疏散广播播放程序，（   ）是不对的。

A. 二层及以上的楼层发生火灾时，是着火层及其相邻的上、下层

B. 首层发生火灾时，是本层、二层及地下一层

C. 首层发生火灾时，是本层、二层及地下各层

D. 地下室发生火灾时，地下各层及首层

2. 消防广播盘能通过（   ），实现启停应用广播，选择广播信息和广播分区。

A. 手动和自动控制　　　　　　　B. 背景音乐和火灾广播的转换

C. 平时和火灾时的转换　　　　　D. 单线制和多线制

3. 消防电话不包括（   ）的通信方式。

A. 总机呼叫任一分机　　　　　　B. 总机同时呼叫至少两部分机

C. 分机呼叫总机　　　　　　　　D. 分机呼叫分机

4. 大楼内首层发生火灾时，是在（   ）同时进行紧急广播。

A. 首层、二层、地下一层　　　　B. 首层、二层、地下各层

C. 楼上各层　　　　　　　　　　D. 全楼

5. 消防广播录放盘能接收控制主机的命令，按防火分区进行紧急广播，通常采用（   ）。

A. 输出交流 220 V　　　　　　　B. 输出 120 V 定压式

C. 输出直流 120 V 定压式　　　　D. 输出直流 24 V

6. 火灾时，消防紧急广播与背景音乐切换实行分区控制，楼房某区某层发生火灾时，则（   ）均应同时广播。

A. 该层　　　　　　　　　　　　B. 该层及以上所有层

C. 该层及上两层、下一层　　　　D. 该层及上一层、下一层

三、判断题

1. 消防电话是独立的电话系统，应独立布线，不能利用一般电话线路或综合布线中的电话线路。　　　　　　　　　　　　　　　　　　　　　　　　　　　（　　）

2. 消防专用电话由总机和分机组成，为独立的消防通信系统，总机与分机、分机与分机之间的呼叫都是直通的。　　　　　　　　　　　　　　　　　　　　　（　　）

3. 消防电话线不需单独管线敷设，可与其他线共用。　　　　　　　　（　　）

4. 走廊、大厅、餐厅等公共场所设的扬声器，额定功率不应小于 3 W；客房内扬声器额定功率不应小于 1 W。　　　　　　　　　　　　　　　　　　　　　　　（　　）

5. 火灾事故应急照明与疏散指示标志用于保证建筑物在发生火灾之际，其重要房间或

部位能正常工作；大厅、通道有指明出入口方向及位置的标志，便于有秩序地进行疏散。（　　）

6. 发生火灾时，不论是消防电梯还是一般电梯，都要迫降到首层。一般电梯和消防电梯可由消防人员开启，到各层灭火救人。（　　）

7. 在扑救火灾过程中，很容易造成电线短路，使人员触电。电线短路又有可能引起二次火灾，所以在火灾发生时对于非消防电源要及时切断。（　　）

四、问答题

消防广播的楼层控制顺序是什么？

第三单元 自动喷水灭火系统

自动喷水灭火系统是当今世界上公认的最为有效的自救灭火设施，是应用最广泛、用量最大的自动灭火系统之一。国内外应用实践证明：该系统具有安全可靠、经济实用、灭火成功率高等优点。

国外应用自动喷水灭火系统已有一百多年的历史。在这长达一个多世纪的时间内，一些经济发达的国家，从研究到应用、从局部应用到普遍推广使用，有过许多成功和失败的实践经验。他们在总结经验的基础上，制定了自己国家的自动喷水灭火系统设计安装规范或标准，而且进行了多次修订（如英国的《自动喷水灭火系统安装规则》、美国的《自动喷水灭火系统安装标准》等）。现在，自动喷水灭火系统不仅已经在高层建筑、公共建筑、工业厂房和仓库中推广应用，而且在住宅建筑中也已开始安装使用。推广应用自动喷水灭火系统，不仅可以减少火灾损失，而且可减少消防总开支。

20 世纪 30 年代，我国开始应用自动喷水灭火系统，至今已有 80 年的历史。我国首先在外国人开办的纺织厂、烟厂以及高层民用建筑中应用。如上海第十七毛纺厂，1926 年由英国人所建，在厂房、库房和办公室装设了自动喷水灭火系统。又如上海国际饭店于 1934 年建成投入使用，该建筑中所有客房、厨房、餐厅、走廊、电梯间等部位均装设了喷头，并扑灭过数起初期火灾。20 世纪 50 年代，苏联援建的一些纺织厂和我国自行建设的一些工厂中，也装设了自动喷水灭火系统。1956 年兴建的上海乒乓球厂，安装了我国自行设计的自动喷水灭火系统，并于 1978 年 10 月成功扑救了由于赛璐珞丝缠绕电动机引起的火灾。又如建于 1958 年的厦门纺织厂，至 20 世纪 80 年代曾 4 次发生火灾，自动喷水灭火系统均成功地将火扑灭。时至今日，该系统已经成为国际上公认的最为有效的自动扑救室内火灾的消防设施，在我国的应用范围和使用量也在不断扩展与增长。

自动喷水灭火系统的分类有湿式系统、干式系统、预作用系统、雨淋系统、水喷雾系统等。

模块一 湿式自动喷水灭火系统的基本组成及工作原理

知识技能要求

1. 熟悉湿式自动喷水灭火系统的组成及控制方法。
2. 掌握湿式自动喷水灭火系统的工作原理。

一、湿式自动喷水灭火系统的组成

湿式自动喷水灭火系统平时就充满水，适宜于 4 ~ 70℃ 的环境温度使用。湿式自动喷水灭火系统由闭式喷头、管道系统、水流指示器、检修信号阀、湿式报警阀、报警装置和供水设施等组成，由于该系统在报警阀的前后管道内始终充满压力水，故称湿式自动喷水灭火系统，如图3—1所示。目前世界上已安装的自动喷水灭火系统中，有70%以上采用了湿式自动喷水灭火系统。

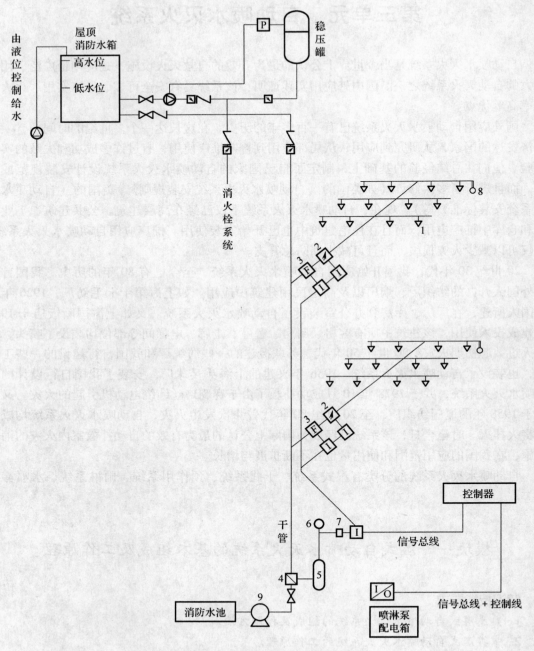

图 3—1　湿式自动喷水灭火系统示意
1—喷头　2—水流指示器　3—检修信号阀　4—湿式报警阀　5—延迟器　6—水力警铃
7—压力开关　8—末端试水装置　9—喷淋泵　I—信号模块　I/O—控制模块

1. 喷头

（1）喷头的原理。喷头的原理是发生火灾时，喷头周围的环境温度不断升高，当喷头处的温度达到感温元件动作温度时，压力水冲出喷口，水流通过溅水盘喷洒灭火。

（2）喷头的分类如图3—2所示。

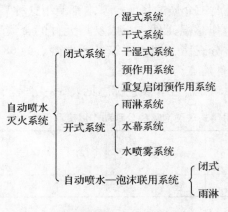

图3—2　喷头的分类

1）按用途分为：闭式喷头（见图3—3）、开式喷头（见图3—4）、水幕喷头、喷雾式喷头等。

图3—3　闭式喷头

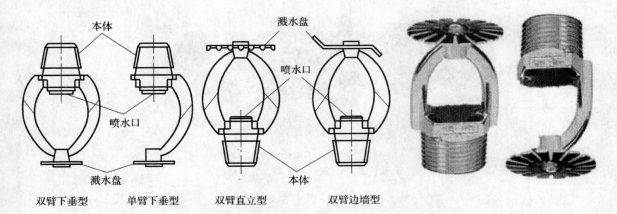

图3—4　开式喷头

2）按安装方式分为：下垂型、直立型、吊顶型、边墙型，可根据装修需要选用。

3）闭式喷头按热敏元件分为：玻璃泡喷头和易熔合金喷头。

玻璃泡喷头用装有液体的玻璃球阀作感温元件，当环境温度达到玻璃泡的公称动作温度时，玻璃泡液体膨胀使玻璃泡破碎，喷口打开。玻璃泡喷头有良好的稳定性和耐腐蚀性能，应用范围比较广，特别是在有腐蚀介质的场所，基本都使用这种喷头。

易熔合金喷头用易熔合金作感温元件。组成易熔元件的金属不同或其金属所占比例不同，熔点也不同。该喷头通常分三级，即普通级，元件熔点为68～72℃；中温级，元件熔点为93～100℃；高温级，元件熔点为141℃以上。

常用闭式洒水喷头的公称动作温度和颜色标志见表3—1、表3—2。

表3—1 常用闭式玻璃泡喷头公称动作温度和颜色标志

公称动作温度（℃）	57	68	79	93	100	121	141	163	182	204～343
颜色标志	橙	红	黄	绿	灰	天蓝	蓝	淡紫	紫红	黑

表3—2 常用闭式易熔合金洒水喷头公称动作温度和颜色标志

公称动作温度（℃）	57～77	80～107	121～149	163～191	204～246	260～302	320～343
支撑臂颜色标志	本色	白	蓝	红	绿	橙	黑

2. 水流指示器

水流指示器如图3—5所示。水流指示器可将水流的信号转换为电信号，安装在配水支管或配水干管始端，其作用在于当着火时喷头开启喷水或者管道发生泄漏故障时，有水流经过装有水流指示器的管道，限位开关动作，将动作信号送至控制器，以显示喷头喷水的区域和楼层。

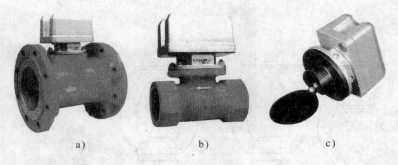

a）   b）   c）

图3—5 水流指示器
a）法兰式 b）螺纹三通式 c）焊接式

3. 检修信号阀

检修信号阀是阀门限位器，它基于行程开关原理。通常安装在水流指示器前的管道上，用于监视阀的开启状态，如图3—6所示。一旦发生误操作或检修后忘了打开，检修信号阀即向系统的报警控制器发出报警信号。控制器显示屏上显示该检修信号阀的区域和楼层。

4. 湿式报警阀

湿式报警阀如图3—7所示。湿式报警阀安装在喷水灭火系统的总管上，连接供水设备和配水管网。一般采用止回阀的形式，它只允许水流单方向流入喷水管网，可防止管网内水倒流回水池；当喷头喷水，破坏了阀门上下压力的平衡时，阀板打开，配水管网得到水的供应，同时，部分水流经延迟器送至水力警铃，警铃发出声响报警。

图3—6　检修信号阀

图3—7　湿式报警阀

5. 水力警铃

水力警铃是利用水流的冲击发出声响的报警装置。

6. 延迟器

延迟器的作用是消除累积误差。当压力波动或水锤现象引起阀瓣短暂开启或局部渗漏时，有可能造成误报警。延迟器安装在报警阀和水力警铃之间，对于局部渗漏的水能暂时容纳并可从泄水排放口流出，避免虚假信号的干扰。只有水流大量涌入，经 15~90 s 延时，水力警铃才发出声响。

7. 压力开关

压力开关是监测压力状态的自动开关控制器件，如图3—8所示，它将水压力信号变成电信号。其原理是当报警阀的阀瓣打开，压力水经管道首先进入延时器后再流入压力开关内，推动膜片向上移动，继而触点接触，闭合接通电路，发出电信号，送到消防控制室，使控制器发出启动命令，从而启动喷淋泵。

8. 末端试水装置

末端试水装置如图3—9所示，其主要功能是检验系统启动、报警及联动功能是否处于正常状态。

图3—8　压力开关

9. 消防水箱

消防水箱放在建筑物顶层，当喷淋泵尚未启动时，提供 10 min 短时间的灭火用水。

10. 消防水池

消防水池在建筑物底层，供给全楼消防用水。也有消防和生活用水合用水池，但要有保证消防最低水位的措施。

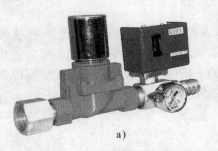 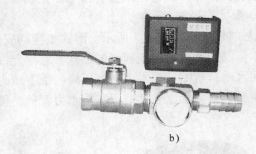

a)　　　　　　　　　　　　　b)

图3—9　末端试水装置

a）电动型　b）手动型

二、湿式自动喷水灭火系统的工作原理

湿式自动喷水灭火系统是自动喷水灭火系统的基本类型和典型代表，其原理是：系统的管道内充满压力水，一旦发生火灾，喷头动作后立即喷水。该类系统受环境温度的影响较大，低温环境会使管道内的水结冰，高温环境会使管道内的压力增大，两者都将对处于准工作状态下的系统产生破坏作用。

闭式洒水喷头在系统中起定温探测器的作用，喷头的热敏元件在着火热环境中升温至公称动作温度时立即喷水，因此系统可利用自身的组件实现自动探测火灾的功能。

闭式洒水喷头还在系统中起自控阀门的作用。热敏元件动作后，释放机构脱落，压力水开启喷头。因此系统可利用自身的组件，根据火源的位置及火的蔓延趋势，随机开放喷头，实现定点区域性局部喷水的功能。

利用喷头开放喷水后管道内形成的水压差，使水流动并驱动水流指示器、湿式报警阀、水力警铃和压力开关动作，实现就地和远程自动报警。

但是，系统的启动只能依靠组件间的联动全自动操作，无法实现人员干预的紧急启动。如果喷头不动作，系统将无法实现启动并实施喷水灭火。

图3—10所示为水喷淋系统的工作原理图，图3—11所示为水喷淋系统工作流程图。在管道内均充满压力水。火灾发生时，在火场温度的作用下，闭式喷头的感温元件温度达到预定的动作温度范围时，喷头开启，水从喷口喷出。当系统排水量大到相当于一只喷头开启的喷水量时，配水支管上的水流指示器动作，向消防控制室报警；同时湿式报警阀上下产生压力差，打开阀门，压力水进入管网，另一股水流也不断流入延迟器，此时因延迟器的泄水排放口很小，不能将水迅速排出，使压力开关及水力警铃动作，压力开关信号送至控制室作为水泵启动信号，启动水泵，向管网加压供水，达到持续自动喷水灭火的目的。

三、湿式自动喷水灭火系统的控制

1. 湿式自动喷水灭火系统的显示功能

消防控制设备对自动喷水和水喷雾灭火系统应有下列控制、显示功能：

（1）控制系统的启、停。

（2）显示消防水泵的工作、故障状态。

（3）显示水流指示器、报警阀、安全信号阀的工作状态。

安装有水喷淋灭火系统的建筑物，在每层支路管线上均安装水流指示器，必须通过输入

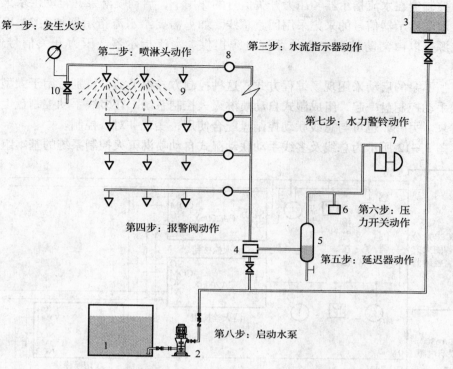

图 3—10 水喷淋系统工作原理

1—水池 2—消防水泵 3—水箱 4—报警阀 5—延迟器 6—压力开关
7—水力警铃 8—水流指示器 9—喷头 10—末端试水装置

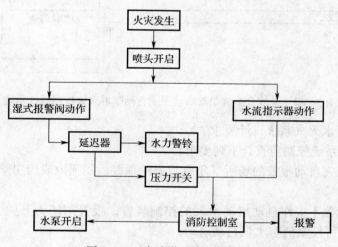

图 3—11 水喷淋系统工作流程

模块将水喷淋系统连接到回路总线上,再通过回路总线连接到火灾报警控制器上。当某层着火、温度升高,并达到一定温度时,闭式喷头感温元件动作喷水,相应的水流指示器动作。其报警信号经回路总线输送到控制器上,发出声、光报警信号,明确指示报警部位。随着管内水压下降,湿式报警阀动作,带动水力警铃报警,同时压力开关动作,给控制器告警信号。控制器在水流指示器和压力开关信号的作用下，启动喷淋泵，自动供水灭火。

水流指示器信号的采集采用回路总线。如果需要给水流指示器加上 24 V 直流电源，这一电源可以由消防控制中心的系统电源提供。水流指示器、压力开关信号通过输入模块采集。

喷淋泵的启动采用现场编程方式。这种控制方式很灵活，特别适用于大型工程，也可与多线手动控制盘一起，组成湿式自动喷淋灭火控制系统。在多线手动控制盘上可启动、停止喷淋泵。另外，也可与总线联动控制盘配合使用，实现一对一控制。

图 3—12 所示为总线及多线手动联动湿式自动喷淋灭火控制系统的基本组成。

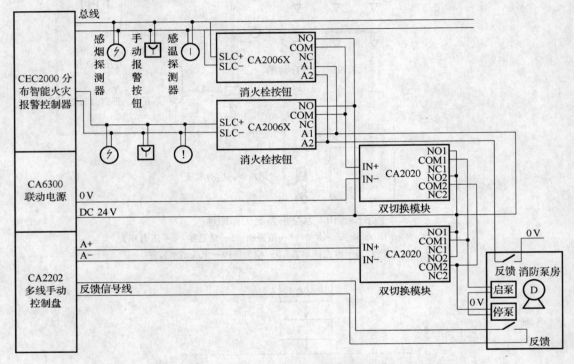

图 3—12　总线及多线手动联动湿式自动喷淋灭火控制系统示意

2. 湿式自动喷水灭火系统设计要求

自动喷水灭火系统控制应符合下列要求：

（1）需早期火灾自动报警的场所（不宜检修的顶棚、闷顶内或厨房除外），宜同时设置感烟探测器。

（2）水流指示器不应作自动启动水泵的控制装置，报警阀压力开关、水位控制开关和气压罐压力开关等可控制消防水泵自动启动。

（3）消防控制室内应有下列控制监测功能：

1）控制系统的启、停。

2）监测显示灭火系统控制阀的开启状态。

3）监测消防水泵电源供应和工作情况。

4）监测水池水箱的水位。对于重力式水箱，在严寒地区应安设水温探测器，当水温降低到 5℃ 以下时，即应发出信号报警。

5）监测干式自动喷水灭火系统的最高和最低气压。一般压力的下限值宜与空气压缩机联动，或在消防控制室设充气机手动启动和停止按钮。

模块二　干式自动喷水灭火系统的基本组成及工作原理

知识技能要求
1. 熟悉干式自动喷水灭火系统的组成。
2. 掌握干式自动喷水灭火系统的工作原理。

一、干式自动喷水灭火系统的组成

干式系统在报警阀的上部管道内充以有压惰性气体，灭火时先排气而后充水喷水，宜于 4～70℃ 以外的温度环境中使用。干式自动喷水灭火系统由干式报警装置、闭式喷头、管道和充气设备等组成。图 3—13 所示为干式自动喷水灭火系统示意图。

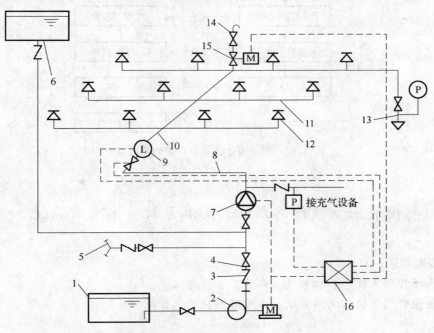

图 3—13　干式自动喷水灭火系统示意
1—水池　2—水泵　3—止回阀　4—闸阀　5—水泵接合器　6—消防水箱
7—干式报警阀组　8—配水干管　9—水流指示器　10—配水管
11—配水支管　12—闭式喷头　13—末端试水装置
14—快速排气阀　15—电动阀　16—报警控制器

二、干式自动喷水灭火系统的原理

干式自动喷水灭火系统采用干式报警阀，设有快速排气装置和充气设备。在准工作状态下，报警阀后的系统配水管道内充以有压气体，因此避免了低温或高温环境水对系统的危害作用。

喷头动作后，管道内的气流驱动水流指示器，报警阀在入口压力水作用下开启。随后管道排气充水，继而开放喷头喷水灭火。因此，喷头从动作到喷水有一段滞后时间，使火灾在喷头动作后仍能有一段不受控制而继续自由蔓延的时间。为了控制系统滞后喷水的时间，报警阀后充入有压气体的管道容积不宜过大，一般不超过 1 500 L，当设有排气装置的时候也不宜超过 3 000 L。

干式自动喷水灭火系统的工作原理如图 3—14 所示。干式自动喷水系统采用开式水喷头，当发生火灾时，由探测器发出的信号经过消防控制室的联动盘发出指令，启动电磁或手动两用阀打开阀门，从而各开式喷头就同时按预定方向喷洒水滴，与此同时联动盘还发出指令启动喷水水泵保持水压。水流流经水流开关，发出信号给消防控制室，表明喷洒水滴灭火的区域。

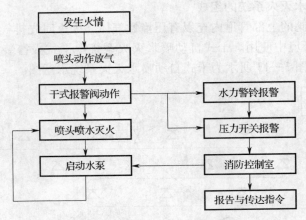

图 3—14 干式自动喷水灭火系统工作示意

模块三 预作用系统、雨淋系统、水喷雾系统

知识技能要求

1. 熟悉预作用系统、雨淋系统、水喷雾系统的组成。

2. 掌握预作用系统、雨淋系统、水喷雾系统的工作原理。

一、预作用系统

1. 组成

预作用自动喷水灭火系统由火灾探测系统、闭式喷头、预作用阀和充以有压或无压气体的管道组成。该系统的管道中平时无水，发生火灾时，管道内给水通过火灾探测系统控制预作用阀来实现，并设有手动开启阀门装置。

2. 原理

准工作状态下系统报警阀后的配水管道内不充水，因此具有干式系统不会因低温或高温环境使水危害系统的特点，且喷头误动作或系统有渗漏情况时不会引起水源损失。

与之配套的火灾自动报警系统报警后，预作用阀开启，系统开始排气充水，转换为湿式系统，使系统具有喷头开放后立即喷水的特点。为了控制系统管道由干式转换为湿式的时间，避免喷头开放后迟滞喷水，报警阀后配水管道应加适量排气阀。

准工作状态下报警阀后系统配水管道内充入有压气体，起检验管道严密性的作用。

为了防止自动报警设备误报警或不报警，系统可有适时开放报警阀的多种保障措施，其中包括人为紧急操作启动系统。

二、雨淋系统

1. 组成

雨淋灭火系统由火灾探测系统、开式喷头、雨淋阀和管道等组成。发生火灾时，管道内给水通过火灾探测系统控制雨淋阀来实现，并设有手动开启阀门装置。

2. 原理

采用开式洒水喷头，系统启动后由雨淋阀控制一组喷头同时喷水。其自动操作的系统配套设火灾自动探测与报警控制系统或传动管报警系统。

三、水喷雾系统

1. 适用范围

水喷雾系统是由自动喷水灭火系统派生出来的自动灭火系统，广泛应用于火灾危险性大、发生火灾后不易扑救或火灾危害严重的重要工业场所。

我国现行消防规范规定，必须设置水喷雾灭火系统保护的对象如下：

（1）单台容量在 40MV·A 及以上的厂矿企业可燃油油浸式电力变压器，单台容量在 90MV·A 及以上的可燃油电厂电力变压器，或单台容量在 125MV·A 及以上的独立变电所可燃油油浸式电力变压器；飞机发动机试验台的试车部位。

（2）高层建筑内含燃油、燃气的锅炉房，可燃油浸电力变压器室，可燃油的高压电容器和多油开关室，自备发电机房。

2. 特点

水喷雾系统灭火速度快、灭火用水少且防护冷却效果好，可安全扑救油浸式电气设备火灾和闪点高于 60℃ 的液体火灾。同时，该系统设计灵活、造价低，适合对工业设备实施立体喷雾保护，已在我国液化石油气储罐、甲乙丙类液体储罐的防护冷却以及输送机廊道、电缆隧道灭火等设计中广泛应用。

3. 控制方式

水喷雾灭火系统应设自动控制、手动控制和应急操作 3 种控制方式。常用的启动方式有 3 种，可燃气体浓度探测器电动启动、感温探测器电动启动、湿式先导管传动水力启动。其中可燃气体浓度探测器电动启动必须设置，而感温探测器电动启动和湿式先导管传动水力启动可选其中一种。

模块四　自动喷水灭火系统的维护与管理

知识技能要求

1. 掌握各种水喷淋系统的适用场所及特点。

2. 能检查与维护自动喷水灭火系统。

一、各种水喷淋系统的比较

各种水喷淋系统的比较见表3—3。

表3—3 各种水喷淋系统的比较

喷头形式	系统分类	适用场所	特 点
闭式系统	湿式系统	环境温度不低于4℃且不高于70℃的建筑物和场所	当一只喷头启动时,应自动控制启动系统
	干式系统	环境温度低于4℃或高于70℃的建筑物及场所	喷头内的介质由有压水改为有压气体,喷头爆破后先要排走管道内气体,然后才能喷水灭火。喷水延迟且投资大,维护管理难
	预作用系统	严禁滴漏及误动作的场所,目前多用于保护档案、计算机房、贵重纸张和票证等场所	将火灾自动探测报警技术和自动喷水灭火系统结合起来,既有干式系统的优点,又克服了反应延迟的缺点
	重复启闭预作用系统	灭火后必须及时停止喷水,复燃时再喷水灭火,或需要减少水渍损失的场所,如计算机房、棉花仓库、烟草仓库等	有多次自动启动、自动关闭的特点,从而防止因系统自动启动灭火后,无人关闭系统而产生不必要的水渍损失。在火灾复燃后又能再次自动启动有效扑救
开式系统	雨淋系统	燃烧猛烈、蔓延迅速而闭式喷头不能有效覆盖着火区域的场所 室内单层净空高度超过8 m且必须迅速扑灭初期火灾的场所	雨淋系统与湿式、干式和预作用自动喷水灭火系统最大的区别是采用开式喷头,系统一旦动作,系统保护区域内将全面喷水。因净空超高、闭式喷头不能及时动作、水到达燃烧物体表面的强度减弱的场所使用该开式系统
	水幕系统	作为防火分隔措施,如建筑中开口尺寸等于或小于15 m(宽)×8 m(高)的孔洞和舞台的保护水幕用于防火卷帘的冷却	防火分隔水幕是密集喷洒的水墙或水帘,自身即具有防火分隔作用。而配合防火卷帘等分隔物的水幕,则利用水的冷却作用,保持分隔物在火灾中的完整性和隔热性
	水喷雾消防系统	燃油锅炉、小区液化石油气气化站等	水喷雾灭火系统应设自动控制、手动控制和应急操作3种控制方式。常用的启动方式有3种,可燃气体浓度探测器电动启动,感温探测器电动启动,湿式先导管传动水力启动。其中可燃气体浓度探测器电动启动必须设置,而感温探测器电动启动和湿式先导管传动水力启动可选其中一种
	自动喷水和泡沫联用系统	适用于汽车库、锅炉房、柴油机房、油库等场所	自动喷水—泡沫联用系统按喷水先后可分为两种类型,一种是先喷泡沫后喷水,另一种是先喷水后喷泡沫 自动喷水—泡沫联用系统可用于闭式系统,也可用于开式系统,如湿式系统—泡沫联用、预作用系统—泡沫联用、雨淋系统—泡沫联用等,设置该系统的目的是强化灭火效果

二、自动喷水灭火系统的检查与维护

1. 自动喷水灭火系统的检查

可靠供水是自动喷水灭火系统能否正常发挥作用的关键环节。

（1）维修管理制度。停水修理时，必须向主管人员报告，并应有应急措施和有人现场监督。修理完毕应立即恢复供水，以免忘记打开以致发生火灾时无水。在修理过程中，万一发生火灾，也应及时采取相应的紧急措施。

（2）水源。供水水源应可靠，应有水源供水能力测试记录。消防水池、消防水箱应有保证消防用水不作他用的措施，保证可靠、迅速、方便地供应火场用水。消防水池、消防水箱的储水量应有明显的显示标志。消防用水的水温不应低于5℃，应防止结冰。每两年对储水设备维修一次，进行修补和重新刷漆。

（3）管路。检查系统管路有无腐蚀渗漏，湿式系统管路内的水应定期排空，对管路进行冲洗。对水雾系统管路中的过滤装置应定期清扫。如发现管路内有沉积物，应进行冲洗，以免支管堵塞。

（4）水泵。消防水泵应每天运转一次。若采用自动控制时，应模拟自动控制参数进行启动运转，每次运转时间宜为5 min。每月应利用报警控制阀旁的泄放试验阀进行一次供水试验，验证系统供水能力。

（5）阀门。常开阀门应铅封。阀门的开启状态应有明显标志，阀门应编号、挂上标牌。要保证阀门不被关闭。对安装的压力表要定期检验。

（6）室内喷头。每月检查一次喷头外观，发现不正常喷头应及时更换。分批对喷头外表进行清洁，尤其是感温元件部分。对轻质粉尘可用气体吹除或用软布擦净。

2. 自动喷水灭火系统的维护

自动喷水灭火系统投入运行后，使用单位应有切实可行的管理、检测和维护规程，并应保证系统常备不懈地处于准工作状态。所谓系统的准工作状态，即戒备状态，指系统的设备性能及使用条件符合有关技术要求，发生火灾时能立即动作喷水的状态。

维护管理人员应熟悉自动喷水灭火系统的原理、性能和操作维护规程。

维护管理人员的职责和工作内容如下：

（1）每天对水源、水泵、阀门、报警阀组等进行外观巡视检查，并应保证系统处于无故障状态。

（2）每年应对水源的供水能力，包括储水量、供水设施的性能进行一次测定。

（3）每月检查一次消防水池、消防水箱及气压给水设备，对其中储存的消防用水量的水位、气压给水设备的压力以及保证消防用水不作他用的措施等进行检查，发现故障应及时处理。为保证水质，消防水池和水箱、气压水罐内的储水应根据当地的环境和气候条件不定期更换。更换前，负责系统维护管理的专职或兼职人员应向主管领导汇报，并报告当地消防监督部门。

（4）寒冷季节，消防储水设备应有良好的保温措施，并保证储水设备的任何部位均不得结冰。设置储水设备的房间应有永久性采暖措施，且保证室温不得低于5℃。寒冷季节应每天检查储水设备。

（5）每两年应对消防储水设备进行检修，修补缺损并重新油漆。

（6）钢制消防水箱和气压水罐若设置有玻璃水位计，不进行水位观测时应将水位计两端的角阀关闭。

（7）消防水泵应每月启动运转一次，内燃机驱动的消防水泵应每周启动运转一次。采用自动控制启动方式的消防水泵每月均应按模拟条件启动运转一次。

（8）系统中的电磁阀应每月检查并做开启、关闭试验，动作失常或关闭不严的应及时更换或排除故障。

（9）每季度应进行一次开启报警阀旁的放水试验阀，检查并试验报警阀动作与系统的供水是否正常。

（10）每月对系统中锁定阀门的铅封或锁链进行一次检查，当有破损或异常时应及时处理。

（11）室外阀门井中的进水管控制阀门，应每个季度检查一次，核实其处于全开启状态。寒冷季节室外阀门井应做好保温处理。

（12）消防水泵接合器的接口及附件应每月检查一次，并应保证接口完好、无渗漏及闷盖齐全。

（13）每月应对喷头进行一次外观检查，发现框架或溅水盘变形等不正常现象及渗漏滴水的喷头应及时更换或排除渗漏故障。发现喷头附有异物时应及时清理。

（14）各种不同类型、规格的喷头均应有一定数量的备用品。其数量不应小于其安装总数的1%，且每种备用喷头的数量不得少于10只。

（15）自动喷水灭火系统发生故障，需停水检修时，应提前向主管值班人员报告，取得维护管理负责人的批准后实施，并应做到负责人临场监理和有必要的应急防范措施。

（16）建筑物、构筑物的内部装修或用途、内存物品或堆高出现变化，且影响到系统功能而需要改造时，应经申报公安消防监督机构并获得批准后，方可实施对系统的相应修改。

日检、季检内容安排及维护计划见表3—4。

表3—4　　　　　　　　　　　　水灭火系统的日检、季检内容

系统名称	检查项目	检查内容		检查方法	检查要求	备注
水灭火系统的联动	每日检查	消防水泵	喷淋泵	在泵房内操作启动	启动及信号正常	强电专业
			消火栓泵			
			备用泵	在泵房内操作能自动切换	启动及信号正常	
			稳压泵	维持稳压罐压力自动启停	启动、停止正常	
	季度检查	消火栓	消火栓泵的启动	室内消火栓按钮启动；消防控制室自动启动；消防控制室手动启动	消火栓泵启动，并有回答信号	填写《季度检查登记表》
		水喷淋	喷淋泵的启动	手动打开末端试水装置	水流指示器有信号显示；湿式阀应开启，水力警铃应发出响亮声响，压力开关等部件亦应发出相应信号；喷淋泵启动，并有回答信号	

3. 落实维护计划

针对上述各项检查中发现问题的故障维修一般不超过 8 h，在 8 h 内无法解决的，应将故障原因、解决时间上报物业部门经理，并按批准的时间限期解决。需外委维修的，由消防管理中心委托的安装厂家或公安消防部门进行维修保养。

若需要更换设备，所使用产品的均应经国家检测中心检验合格，更换的设备、产品应符合消防规范要求。

对检测、试验的结果进行分析，对火灾自动报警及消防联动系统每年应进行一次可靠性评价，并对照系统竣工图、日常事故记录、维修记录、修理情况进行总结，制订维修计划。

消防系统维修保养年度计划应落实下列要求：
（1）有明确安排的设备大、中、小维修计划。
（2）有具体组织实施的维修保养时间。
（3）有明确的维修保养周期。
（4）有具体的维修经费预算。

消防系统设备的检查、维修保养均应有完整的记录，分类归档管理，保存期一般为5年。

练 习 题

一、填空题

1. 水喷淋系统是在国内外广泛运用的自动扑灭火灾的消防设施，分类有_____、_____、预作用系统、雨淋系统、水喷雾系统等。

2. 在湿式喷水灭火系统中，水流指示器、检修信号阀都用了_____模块。

3. 湿式喷水灭火系统由_____、管道系统、_____、_____、湿式报警阀、报警装置和供水设施等组成，由于该系统在报警阀的前后管道内始终充满着压力水，故称_____灭火系统。

4. 喷头按用途分为_____喷头、_____喷头、水幕喷头、喷雾式喷头等。

5. 闭式喷头按热敏元件分为_____喷头和_____喷头。

6. 水流指示器可将水流的信号转换为_____，安装在配水支管或配水干管始端。

7. 延迟器的作用是_____。当压力波动或水锤现象引起阀瓣短暂开启或局部渗漏时，有可能造成_____。延迟器安装在报警阀和_____之间，对于局部渗漏的水能暂时容纳并可从泄水排放口流出，避免虚假信号的干扰。只有水流大量涌入，经____ s 延时，水力报警铃才响。

8. 消防水箱放在建筑物顶层，当喷淋泵尚未启动时，提供____ min 短时间的灭火用水。

9. 干式系统平时充满_____气体，灭火时先_____而后_____，宜于 4~70℃ 以外的温度环境中使用。

二、选择题

1. 湿式喷水灭火系统的组成不包括（　　）。

A. 闭式喷头　　　　　　　　　　B. 管道系统和供水设施

C. 火灾探测器　　　　　　　　D. 水流指示器、检修信号阀、湿式报警阀

2. 厨房内,水喷淋闭式玻璃泡喷头动作温度93℃,颜色标志为（　　）色。

A. 黄　　　　　B. 红　　　　　C. 绿　　　　　D. 橙

3. 常用水喷淋闭式红色玻璃泡喷头代表的动作温度是（　　）。

A. 57℃　　　　B. 68℃　　　　C. 79℃　　　　D. 93℃

三、判断题

1. 在湿式水喷淋灭火系统中,着火后温度升高,感温探测器动作,喷头开始喷水。

（　　）

2. 水力警铃在火灾发生后,接受控制器的指令发出报警的声音。　　　（　　）

3. 应当设自动喷水灭火系统的建筑物,在环境温度不低于4℃且不高于70℃的建筑物和场所,宜采用湿式自动喷水灭火装置。　　　　　　　　　　　（　　）

4. 供水水源要可靠,消防用水的温度不能低于5℃。　　　　　　　（　　）

5. 湿式系统平时就充满水,适宜于4~70℃的环境温度使用。　　　（　　）

6. 水喷雾系统是由自动喷水灭火系统派生出来的自动灭火系统,广泛应用于火灾危险性大、发生火灾后不易扑救或火灾危害严重的重要工业场所。　　　　（　　）

四、问答题

玻璃泡喷头的工作原理是什么?

第四单元　消火栓灭火系统

模块一　消防供水水源

知识技能要求

1. 掌握水灭火系统的适用范围及消防水源的相关知识。

2. 了解消防给水系统的分类。

水是天然灭火剂，易于获取和储存，其自身和在灭火过程中对生态环境没有危害。除与水接触能引起燃烧爆炸的物品外，使用水灭火系统是最为广泛的。所以，水是一种既经济又有效的常用灭火剂。在建筑物内又分为水喷淋、消火栓两个独立的系统。消火栓系统和水喷淋系统在水源部分是共同的。

一、水灭火系统的适用范围

水灭火系统的适用范围十分广泛，除下列情况外，可应用于其他各类民用与工业建筑。不适宜用水扑救的火灾如下：

1. 过氧化物，如钾、钠、钙、镁等的过氧化物，这些物质遇水后发生剧烈的化学反应，同时放出热量、产生氧气而加剧燃烧。

2. 轻金属及其碳化物，如金属钠、钾、碳化钠、碳化钾、碳化钙、碳化铝等，遇水使水分解，夺取水中的氧并与之化合，同时放出热量和可燃气体，会加剧燃烧或引起爆炸。

3. 高温黏稠的可燃液体发生火灾时如用水扑救，会出现可燃液体的沸溢和喷溅现象，导致火灾蔓延。

4. 其他用水扑救会使对象遭受严重破坏的火灾，如高温密闭容器等。

二、消防水源

不论哪种水灭火系统，都必须有充足、可靠的水源。水源条件的好坏直接影响火灾的扑救效果。扑救不利的案例大部分是缺水造成的。

消防水源可以是市政或企业供水系统、天然水源或为系统设置的消防水池。

1. 天然水源

天然水源可以是江河、湖泊、池塘等地表水，也可以是地下水。系统采用的天然水源时应符合下列要求：

（1）水量。确保枯水期最低水位时的消防用水量，也就是说，必须保证常年有足够的水量。

（2）水质。消防用水对水质虽无特殊要求，但必须无腐蚀、无污染和不含悬浮杂质，以保证设备和管道畅通及不被腐蚀和污染。被油污染或含有其他易燃、可燃液体的水源不能做消防水源。

（3）取水。必须使消防车易于取水，必要时可修建取水码头或回车场等保障设施。同时应保证消防车取水时的吸水高度不大于 6 m。

（4）防冻。寒冷地区应有可靠的防冻措施，使冰冻期内仍能保证消防用水。

2. 消防水池

消防水池是储存消防用水的设施。

（1）设置消防水池的条件

1）当生产、生活用水量达到最大时，市政给水管道、进水管或天然水源不能满足室内外消防用水量。

2）市政给水管道为枝状或只有一条进水管，且消防用水量之和超过 25 L/s。

（2）高层建筑设置消防水池的条件

1）市政给水管道、进水管或天然水源不能满足室内外消防用水量。

2）市政给水管道为枝状或只有一根进水管（二类居住建筑除外）。

（3）消防水池的容量应满足火灾延续时间内室内、室外消防用水总量的要求。

（4）当高层建筑的室外给水管道能够保证室外消防用水量时，高层建筑设置的消防水池的有效容量应满足火灾延续时间内室内消防用水量的要求；当室外消防给水管道不能保证高层建筑室外消防用水量时，其消防水池的有效容量应满足火灾延续时间内室内消防用水量和室外用水量不足部分之和的要求。

（5）消防水池的补水时间不宜超过 48 h，缺水地区或独立的石油库区可延长到 96 h。

（6）消防水池容量如超过 1 000 m³ 时，宜分设成两个。高层建筑设置的消防水池，当总容量超过 500 m³ 时，就应分设成两个独立使用的消防水池。

（7）高层建筑群可公用消防水池和消防泵房。消防水池的容量应按消防用水量最大的一幢高层建筑计算。

（8）供消防车取水的消防水池应设取水口或取水井，取水口与建筑物（水泵房除外）的距离不宜小于 15 m，但距高层建筑的外墙不宜小于 5 m，并不宜大于 100 m；与甲、乙、丙类液体储罐的距离不宜小于 40 m；与液化石油气储罐的距离不宜小于 60 m，设有防止辐射热保护设施的，可减为 40 m。

（9）供消防车吸水的取水口或取水井，应保证消防车的消防水泵的吸水高度不超过 6 m。

（10）消防用水与其他用水合并使用的水池，应有确保消防用水不作他用的技术措施。

（11）寒冷地区的消防水池应采取防冻措施。

3. 消防水箱

（1）一般建筑对消防水箱的要求

1）设置高压给水系统的建筑物，如能保证最不利点处水消防设施的水量和水压要求，可不设消防水箱。设置临时高压给水系统的建筑物则应设置消防水箱、水塔或气压水罐等以满足消防水量和水压的要求。

2）消防水箱应设置在建筑物的最高部位。依靠重力自流供水，是保证扑救初期火灾一定时间内用水量的可靠供水设施。消防水箱（包括气压罐、水塔、分区给水系统的分区水箱）应储存 10 min 的消防用水量。室内消防用水量不超过 25 L/s 的，经计算消防水箱储水量超过 12 m³ 的，仍可采用 12 m³；室内消防用水量超过 25 L/s 的，经计算消防水箱储水量超过 18 m³ 的，仍可采用 18 m³。

3）消防用水与其他用水合并的水箱，应有保证消防用水不作他用的技术措施。与其他用水合用的消防水箱，由于消防用水不断更新，可以防止水质腐败。水箱中储存的 10 min 消防用水，不应被生产、生活使用，可将生产、生活出水管管口的位置设在消防储存水量的水位之上，消防用水的出水管，则应设在水箱的底部。

4）由消防水泵供给的消防用水，不应进入消防水箱。

（2）高层民用建筑对消防水箱的要求

1）采用高压给水系统的高层建筑，可不设高位消防水箱；采用临时高压给水系统的高层建筑，宜设高位消防水箱。

2）高位水箱的储水量，一类公共建筑不应小于 18 m³；二类公共建筑和一类居住建筑不应小于 12 m³；二类居住建筑不应小于 6 m³。

3）当建筑高度不超过 100 m 时，高层建筑最不利点消火栓静水压力不应低于 0.07 MPa；当建筑高度超过 100 m 时，高层建筑最不利点消火栓静水压力不应低于 0.15 MPa。当高位消防水箱不能满足上述静水压力要求时应设增压设施。

4）增压设施中增压水泵的出水量：对消火栓给水系统不应大于 5 L/s；对自动喷水灭火系统按满足 1 只洒水喷头要求确定，不应大于 1 L/s。与增压水泵配套的气压水罐，其调节水容量按 2 只水枪和 5 只洒水喷头共同工作 30 s 的用水量确定，宜为 450 L。

5）消防用水与其他用水合用的水箱应有确保消防用水不作他用的技术措施。

6）自动喷水灭火系统由高压给水系统供水，且能保证用水量和水压要求的，可不设高位消防水箱。

7）采用临时高压给水系统的自动喷水灭火系统，则要求设有高位消防水箱。其容量要求按建筑物的 10 min 室内消防用水量确定，但可不大于 18 m³。

4. 消防水泵房和消防水泵

一般民用建筑的消防水泵房应采用一、二级耐火等级的建筑；附设在建筑内的消防水泵房，应用耐火极限不低于 1 h 的非燃烧体墙和楼板与其他部位隔开。规程规定：独立设置的消防水泵房，其耐火等级不应低于二级。在高层建筑内设置消防水泵房时，应采用耐火极限不低于 2 h 的隔墙和 1.5 h 的楼板与火灾部位隔开，并应设甲级防火门。设在首层时，其出口宜直通室外。当设在地下室或其他楼层时，其出口应直通安全出口。

消防水泵是水灭火系统的心脏，在火灾连续时间内应保证正常运行。为保证不间断正常供水，一组消防水泵的吸水管和出水管均不应少于两条。当一条出现故障或维修时，其余的吸水管或出水管仍应能够通过全部用水量。对于高压和临时高压给水系统，应保证每一台运行中的消防水泵均有自己独立的吸水管。

消防水泵应设备用泵，备用泵的工作性能不应低于同组中能力最大的消防水泵。但是，下列建筑物的消防水泵可不设备用泵：

（1）室外消防用水量不超过 25 L/s 的工厂、仓库。

（2）七层至九层单元住宅。

消防水泵应采用自灌式吸水方式，并宜采用消防水池工作水位高于水泵轴线标高的自灌吸水方式。

消防水泵的吸水管上应设阀门，出水管应设试验和检查用压力表及直径 65 mm 的放水阀。

设有备用泵的消防泵站或泵房，应设有备用动力。采用双电源或双回路有困难时，可采用内燃机作动力。

消防水泵是按最大消防用水量确定选型的，但灭火过程中实际启用的消防设备往往低于设计值，尤其是自动喷水灭火系统，人为无法控制开放喷头的数量和出水量，成功灭火控火的案例中，自动喷水灭火系统的出水量往往低于设计流量。水泵出水量低于额定值时，导致水泵的压力升高，为此应在设计中采取相应的减压或安全协调措施。例如：

（1）设置泄压阀或回流管。

（2）采取分区供水方式，控制竖向供水的压力。

（3）合理布置系统和管道。

三、消防给水系统分类

担负消防用水任务的给水系统，称为消防给水系统。消防给水系统按供水压力的不同，可分为高压给水系统、临时高压给水系统和低压给水系统。

1. 高压给水系统

管网内经常保持能够满足灭火用水所需的压力和流量，扑救火灾时，不需要启动消防水泵加压而直接使用灭火设备进行灭火的消防给水系统，称为高压给水系统。例如，一些具备能满足建筑物内外最大消防用水量及水压条件，发生火灾时可直接向灭火设备供水的高位水池等给水系统。消防高压给水系统不需要专门的加压设备，是最简单的给水方式。

但是，高压给水系统所需的条件苛刻，一般很难做到。城镇、工厂企业有可能利用地势设置高位消防水池，或由于生产需要设置集中高压水泵房的，可充分利用现有条件，但无须刻意追求。

2. 临时高压给水系统

管网内最不利点周围的平时水压和流量不能满足灭火的需要，因此在水泵房（站）内设有消防水泵，起火时由手动或消防联动系统启动消防水泵，使管网内的压力和流量达到高压给水灭火时要求的给水系统，称为临时高压给水系统。

临时高压给水系统是最常用的给水系统，例如由消防水池、消防水泵和稳压设施等组成的给水系统。

采用变频调速水泵恒压供水的生活、生产与消防合用的给水系统，由于启用消防设备时需要消防水泵由变频转换为工频状态或需要启动其他水泵增加管道流量，故应属于临时高压给水系统。

3. 低压给水系统

低压给水系统是生产用水、生活用水、消防用水合用的给水系统。

管网内平时的压力较低，但不小于 0.1 MPa；灭火时由消防车或其他方式加压达到压力和流量要求的给水水位。

当生活、生产和消防用水量达到最大时，室外低压给水管道的水压不应小于 0.1 MPa，同时还要保证在灭火时供水管网内维持正压，以满足卫生保护的需要。

在高压、临时高压或低压消防给水系统中，若生产、生活和消防共用一个给水系统，均应满足生产、生活用水量达到最大时，仍能保证满足最不利点部位消防用水的水压和水量的要求。

模块二 室内消火栓灭火系统

知识技能要求
1. 了解室内消火栓的设置范围。
2. 掌握室内消火栓的组成及灭火原理。

一、消防供水设备

消火栓泵、喷淋泵、稳压泵都设在消防泵房内，它们平常备而不用，一旦发生火灾，应灵敏启动，快速达到额定工作水压及流量的要求。在水泵设置的数量上，是一用一备。高层建筑中为防止超压，消火栓泵和喷淋泵相应分为高区泵、低区泵。消火栓泵分为室内消火栓泵、室外消火栓泵两种。

二、室内消火栓的设置范围

1. 厂房、库房高度不大于 24 m 的科研楼（存有与水接触能引起燃烧爆炸的物品除外）；拥有多于 800 个座位的剧院、电影院、俱乐部和多于 1 200 个座位的礼堂、体育馆；体积大于 5 000 m³ 的车站、码头、机场建筑物，以及展览馆、商店、病房楼、门诊楼、图书馆、书库等；大于 7 层的单元式住宅，大于 6 层的塔式住宅、通廊式住宅、底层设有商业网点的单元式住宅；大于 5 层或体积大于 10 000 m³ 的教学楼等其他民用建筑；国家级文物保护单位的重点砖木或木结构的古建筑。

2. 所有高层民用建筑。

3. 使用面积大于 300 m² 的商场、医院、旅馆、展览厅、旱冰场、舞厅、电子游艺场等；使用面积大于 450 m² 的餐厅、丙类和丁类生产车间、丙类和丁类物品库房；电影院、礼堂；消防电梯前室。

4. 所有停车库、修车库。

三、室内消防给水管网

室内消防给水管网包括进水管、水平干管、消防竖管。它们环状布置，以确保在某一水管检修情况下，不影响设备的救火功能。消火栓与水喷淋在室内的给水管网是分开的。

四、室内消火栓组成

室内消火栓灭火系统由蓄水池、高位水箱及其附件、消防泵及其附件、管网、控制阀、消火栓箱及水泵接合器等主要设备构成，属于移动式灭火设施，如图 4—1 所示。

蓄水池是用于储备一次火灾所需的全部消防用水的设施，也可为消防车提供吸水之用。

高位水箱及其附件。高位水箱与管网构成水灭火的供水系统，规定在没有火灾

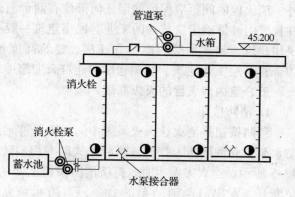

图 4—1 室内消火栓系统

的情况下，高位水箱的蓄水量应能提供火灾初期消防水泵投入前 10 min 的消防用水。10 min 后的灭火用水要由消防水泵从低位蓄水池或市区供水管网将水注入室内消防管网。

消防水箱应设置在屋顶，宜与其他用水的水箱合用，使水处于流动状态，以防消防用水长期静止而使水质变坏变臭。

消防泵及其附件。为保证喷水枪在灭火时具有足够的水压，需要采用加压设备，常用的加压设备有两种：消防水泵和气压给水装置。

管网及控制阀。管网是输送消火栓用水的通道。管网应采用环状结构以能够进行双向供水，并在多处安装蝶阀，以保证在局部检修时，不会中断系统的工作。

消火栓箱中的设备有水枪、水龙带、消火栓等。水枪嘴口径不应小于 19 mm，水龙带直径有 50 mm 与 65 mm 两种，水龙带长度一般不超过 25 m，消火栓如图 4—2 所示，其直径应根据水的流量确定，口径一般有 50 mm 与 65 mm 两种。在有水池水泵的临时高压消火栓给水系统中，消火栓箱中还设置消火栓报警按钮，用于火情报警和启动消防泵。

水泵接合器是消防给水系统的紧急授水口，如图 4—3 所示，用于接收消防车的供水，补充系统中的消防水进行灭火。

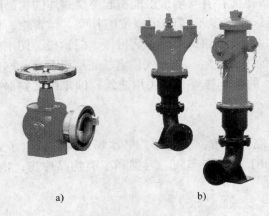

图 4—2　消火栓
a）室内消火栓　b）室外消火栓

图 4—3　水泵接合器

室内消火栓应设在走廊、消防电梯前室、楼梯附近等明显易于取用的地点。除小型库房外，消火栓的间距应保证同层任何部位有两个消火栓的水枪充实水柱同时到达。水枪充实水柱长度由计算确定，普通的工业与民用建筑一般不应小于 7 m；甲、乙类厂房和超过 6 层的民用建筑、超过 4 层的厂房和库房、建筑高度不超过 100 m 的高层民用建筑一般不小于 10 m；高层工业建筑、高架仓库和建筑高度超过 100 m 的高层民用建筑一般不小于 13 m。

五、室内消火栓的灭火原理

1. 消防按钮

消防按钮是消火栓灭火系统中的主要报警元件。按钮上面有玻璃面板，用于遥控启动消防水泵，此种按钮为打破玻璃启动式的专用消防按钮。消防按钮安装及接线如图 4—4、图 4—5 所示。当火灾发生时，打破消防按钮上面的玻璃面板，使受面板压迫而闭合的触点复位断开，发出启动消防泵的命令，消防水泵立即启动工作，不断供给所需的消防水量、水压。

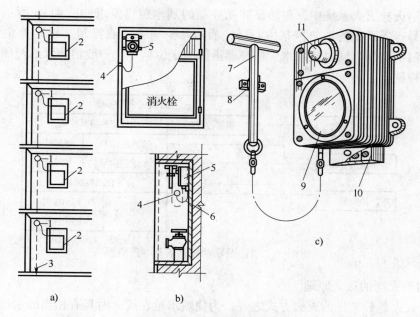

图4—4 消防按钮安装

a）消防按钮安装立管示意图 b）消防按钮与消火栓安装方法 c）消防按钮外形

1—接线盒 2—消火栓箱 3—引至消防泵房管线 4—出线孔

5—消防按钮 6—塑料管或金属软管 7—敲击锤 8—锤架

9—玻璃窗 10—接线端子 11—指示灯

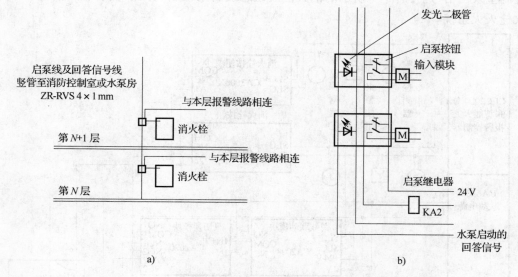

图4—5 消火栓按钮接线

a）消火栓按钮接线示意图 b）消火栓按钮接线详图

2. 消防泵联动控制的流程

室内消火栓灭火系统由消防给水设备（包括给水管网、加压泵及阀门等）和电控部分（包括启泵按钮、消防中心启泵装置及消防控制柜等）组成。

在室内消火栓灭火系统中，消防泵联动控制的基本逻辑要求如图4—6所示。当手动报警的报警信号送入系统的消防控制中心后，消防泵控制屏（或控制装置）产生手动或自动信号直接控制消防泵，同时接收水位信号器返回的水位信号。一般消防泵的控制都经消防控制室来联动控制。

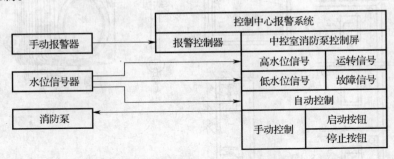

图4—6　消防泵联动控制的基本逻辑框

3. 室内消火栓的灭火原理

消火栓灭火是最常见的灭火方式之一，为使喷水枪在灭火时具有相当的水压，往往需要采用加压设备。常用的加压设备是消防水泵。采用消防水泵时，在每个消火栓内设置消防按钮，常态时按钮被小玻璃窗压下。灭火时用小锤敲击按钮的玻璃窗，玻璃被打碎后，按钮不再被压下，即恢复常开状态，从而通过控制电路启动消防泵。如设有消防控制室且需辨认哪一处的消火栓工作时，可在消火栓内装一个限位开关，当喷枪被拿起后限位开关动作，向消防控制室发出信号。图4—7所示的消火栓按钮总线启泵控制灭火系统示意图描述了常用的消火栓灭火系统。

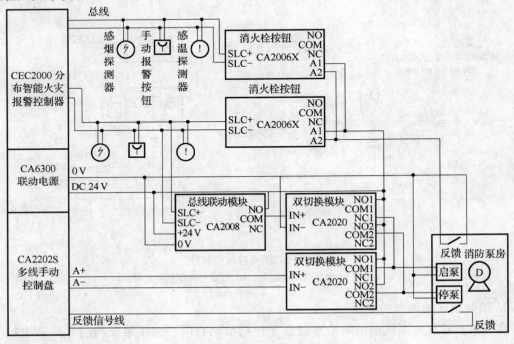

图4—7　消火栓按钮总线启泵控制灭火系统

消防控制设备对室内消火栓系统应有下列控制、显示功能：

（1）控制消防水泵的启、停。

（2）显示消防水泵的工作、故障状态。

（3）显示启泵按钮的位置。

模块三　室外消火栓灭火系统

知识技能要求

了解室外消火栓的设置范围及作用。

一、室外消火栓的设置范围

室外消火栓（或称市政消火栓）系统是最基本的消防设施，如图4—8所示。城镇居民区、工业建筑、民用建筑、堆场、储罐等周围要设置室外消火栓系统。

室外消火栓应沿道路设置，宽度超过60 m的道路（一般由市政定），为避免水带穿越道路影响交通或被车辆碾压，宜将消火栓布置在道路两侧。为方便使用，十字路口应设有消火栓。

室外消火栓应沿小区道路或高层建筑周围均匀布置。智能楼宇内的消防水系统有故障时，室外消火栓提供的水源可通过在楼外侧的水泵接合器，分别提供给楼内的水喷淋和消火栓系统使用。

消火栓灭火系统可分散在多处启动。水泵启动后，有启动信号反馈到控制器显示屏，消火栓按钮处也有启动信号显示。

室外消火栓应沿高层建筑均匀布置，消火栓距高层建筑外墙的距离不宜小于5 m，并不宜大于40 m；距路边的距离不宜大于2 m。在该范围内的市政消火栓可计入室外消火栓的范围。

图4—8　室外消火栓

二、室外消火栓给水管网

室外消防给水管道应布置成环状结构。建设初期输水干管一次形成环状管道有困难时，允许采用枝状，但应保证在条件成熟时能完成环状布置。消防用水量不超过15 L/s的室外消防管道，可布置成枝状管道。

为了保证向环状给水管道的可靠供水，向其供水的输水管不应少于两根。当其中一根发生故障或检修时，其余的输水管应能通过所需的消防用水总量。

环状给水管道应用阀门分成若干独立段。阀门应设在管道的三通、四通的分水处，阀门的数量应按 $n-1$ 原则设置（三通 $n-3$、四通 $n-4$）。阀门分隔的每个管段内，消火栓的数量不宜超过5个。

设置消火栓的消防给水管道，其直径应经计算确定。计算管径小于100 mm时，则应采用100 mm，计算管径大于100 mm时，按计算管径确定。

三、室外消火栓的作用

室外消火栓是供消防车使用的。每个室外消火栓的用水量就是每辆消防车的用水量。一般情况一辆消防车出 2 只口径为 19 mm 的水枪，其充实水柱长度在 10～17 m，相应的流量在 10～15 L/s，故每个室外消火栓的用水量按 10～15 L/s 计算。室外消火栓的数量按室外消防用水量经计算确定。

室外消火栓的保护半径不应超过 150 m，这是以消防车的最大供水距离为依据确定的。

室外消火栓间距不应超过 120 m，以保证沿街建筑能有两个消火栓保护。我国城市内道路之间的距离不超过 160 m，而消防给水干管则一般沿道路设置，所以两条消防给水干管的间距一般不超过 160 m。国产消防车的供水能力（指双干线最大供水距离）为 180 m，火场水枪手需要的水带机动长度为 10 m，水带在地面上的铺设系数为 0.9，则消防车实际的供水距离为

$$(180 - 10) \times 0.9 = 153 \ (m)$$

地上式室外消火栓应有一个直径为 150 mm 或 100 mm 和两个直径为 65 mm 的栓口；地下式室外消火栓应有直径为 100 mm 和 65 mm 的栓口各一个，并应有明显的标志。

箱式消火栓是由消火栓、消防水带及多用雾化水枪和箱体等组成的室外消火栓。

练 习 题

一、填空题

1. _____、_____、_____都设在消防泵房内。

2. 高层建筑中为防止超压，消火栓泵和喷淋泵相应分为_____、_____。消火栓泵还有_____消火栓泵、_____消火栓泵。

3. 室内消火栓灭火系统由_____、_____及其附件、_____及其附件、管网、控制阀、消火栓箱及水泵接合器等主要设备构成。

4. 消火栓箱中的设备有_____、_____、_____等。水枪嘴口径不应小于 19 mm，水龙带直径有_____ mm、_____ mm 两种。

5. _____是消防给水系统的紧急授水口，用于接收消防车的供水，补充系统中的消防水进行灭火。

6. _____是消火栓灭火系统中主要报警元件。

二、选择题

1. 消防规范规定，对（　　）除自动控制外，还要有手动直接控制。

A. 消防水泵、防烟风机、排烟风机、紧急广播

B. 喷淋泵、消火栓泵、防烟风机、排烟风机

C. 消防水泵、防烟风机、排烟风机、紧急照明

D. 消防水泵、防烟风机、排烟风机、卷帘门

2. 用于消防的泵包括（　　）。

A. 消火栓泵、给水泵、喷淋泵

B. 消火栓泵、喷淋泵、稳压泵

C. 消防泵、喷淋泵、补水泵

D. 消火栓泵、喷淋泵、加压泵

三、判断题

1. 消防泵按用途不同，分为消火栓泵、喷淋泵、稳压泵，有的泵又有高区、低区，室内、室外之分。　　　　　　　　　　　　　　　　　　　　　　　　　（　　）

2. 为了安全可靠，消防水泵、防烟和排烟风机等重要设备可以没有自动控制，但必须有手动直接控制。　　　　　　　　　　　　　　　　　　　　　　　　（　　）

3. 消防水箱应设置在建筑物的最低部位，依靠重力自流供水，是保证扑救初期火灾一定时间内用水量的可靠供水设施。　　　　　　　　　　　　　　　　　（　　）

4. 高位水箱与管网构成水灭火的供水系统，在没有火灾的情况下，规定高位水箱的蓄水量应能提供火灾初期消防水泵投入前 10 min 的消防用水。　　　　　　（　　）

5. 室外消火栓是供消防车使用的。每个室外消火栓的用水量就是每辆消防车的用水量。
　　　　　　　　　　　　　　　　　　　　　　　　　　　　　　　　　（　　）

四、实操题

室内消火栓的使用方法。

第五单元　气体灭火及泡沫灭火系统

模块一　气体灭火系统

知识技能要求

掌握气体灭火系统的原理及要求。

一、气体灭火系统适用场所

以气体作为灭火介质的灭火系统称为气体灭火系统。气体灭火系统适用在以下场所：被保护物要求不在灭火中被污染，如文物资料珍藏库、贵重设备室、大中型图书馆和档案库；一些有贵重设备的场合，如计算机房、档案室和通信机房等；有电气危险的场所，要求使用不导电的灭火剂。

二、常用的灭火气体

常用的灭火气体有二氧化碳气体、七氟丙烷气体、惰性气体。

1. 二氧化碳气体是一种常用的灭火剂。向灭火区喷放高浓度的二氧化碳气体，增强灭火区空气中二氧化碳气体的含量，降低灭火区空气中的含氧浓度，可达到灭火的目的。但空气中二氧化碳含量达到15%以上时能使人窒息死亡。

2. 七氟丙烷气体是替代卤代烷气体的一种新的化学灭火剂。七氟丙烷灭火剂参与物质燃烧过程中的化学反应，消除维持燃烧所必需的活性游离基，从而抑制燃烧，达到灭火的目的。灭火时如果过量使用也会对在场人员身体造成危害，甚至使人窒息死亡。

3. 惰性气体灭火剂由氩气、氮气和二氧化碳混合而成，在使用惰性气体灭火剂灭火时，在场人员不需要撤离。因此惰性气体灭火剂适用于指挥中心等重要场合。

三、气体灭火系统原理

气体灭火系统应设置感烟和感温两类探测器，只有当两类不同的探测器都动作报警后，控制信号才能联动控制灭火系统。

在气体灭火系统中，储存容器阀可以通过多种方式启动释放灭火剂，常用驱动气体压力打开。它的动作过程是：人工确认后，紧急启动，延时（关门窗等），启动电磁阀产生吸力（推力）；使推杆动作，刺破驱动气体的密封膜片，打开管路阀门及钢瓶阀门，释放灭火剂，同时放气灯点亮，声光报警。当防护区（灭火区）发生火情时，火灾探测器动作报警，经火灾报警控制器和气体灭火联动控制器，进行顺序控制（现场发出声光报警指示，关闭防护区的通风空调、防火门窗及有关部位的防火阀），延时 30 s 后，启动气瓶装置，利用高压的启动气体开启灭火剂储存容器的容器阀和分配阀，灭火剂通过管道输送到防护区，从喷嘴喷出实施灭火。气体灭火流程图如图 5—1 所示。在管网上一般设有压力（或流量）信号装置（如压力开关）。集流管为储存容器至选择阀的管道；安全阀用于安全泄压，防止集流管内压力过高引起事故；单向阀用于防止灭火剂的回流。主要出入口上方应设气体灭火剂喷放指示标志灯，联动控制装置应设置延时机构及声、光警报器。

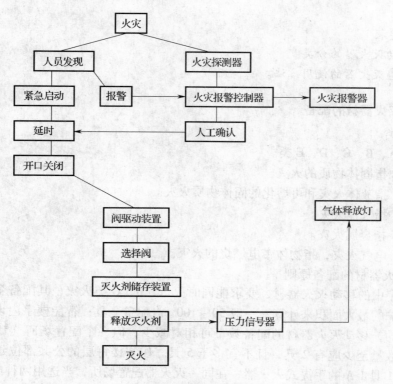

图5—1　气体灭火流程图

四、气体灭火系统要求

与其他灭火系统相比，气体灭火系统造价高，尤其是灭火剂价格高昂。同时，七氟丙烷、二氧化碳灭火剂都具有一定的毒性，灭火的同时会对人产生危害，启动时应比较慎重。具体要求如下：

1. 设计规范规定了必须设置感烟和感温两类探测器，只有当两类不同探测器都动作报警后，才能联动控制灭火系统。

2. 要延迟启动，延迟时间一般为30 s，在这段时间，门窗、通风管道出口会自动关闭，否则会影响灭火效果。使用有毒性的气体灭火时，喷气区人员要及时疏散。

3. 在控制室内有监视显示，当气体灭火系统发出报警后，暂不紧急启动，一定要人工确认。启动一般采用加大气体压力的方法释放灭火剂。同时放气灯点亮，并发出声光报警信号。

五、气体灭火使用时要达到的条件

气体灭火必须在封闭的空间使用，环境温度应高于灭火剂的沸点，经过用量的计算，气体要有足够的浓度才能达到灭火的要求。

模块二　移动灭火器材

知识技能要求

1. 了解移动灭火器的分类。
2. 熟练掌握灭火器的使用方法。

一、移动灭火器材的配备

1. 火灾种类

火灾分为 A、B、C、D、E 类。

A 类火灾：指固体物质的火灾。

B 类火灾：指液体火灾和可熔化的固体物质火灾。

C 类火灾：指气体火灾。

D 类火灾：指金属火灾。

E 类火灾：电气火灾，指物体带电燃烧的火灾。

2. 移动灭火器材的配备原则

对智能楼宇中的移动灭火器材，要求能同时灭 A、B、C 类火灾，其配备个数按每一个灭火器所能保护的最大面积来计算，一般 50～100 m^2 配备一具；智能楼宇内设有消火栓或自动灭火系统的，移动灭火器材的配备数量可相对减少，但一个配置场所（计算单元）内配置的灭火器数量至少应有 2 具，且不宜多于 5 具。住宅楼每层的公共部位建筑面积超过 100 m^2 时，配 1 具 1 A 的手提式灭火器，在同一灭火器配置场所，当选用两种或两种以上类型灭火器时，应采用与灭火剂相容的灭火器。

二、灭火器分类

1. 按所充装的灭火剂类型分为水型灭火器（包括清水灭火器）（见图 5—2）、泡沫型灭火器（见图 5—3）、干粉型灭火器（见图 5—4）、卤代烷灭火器、二氧化碳灭火器（见图 5—5）。

图 5—2　清水灭火器

图 5—3　泡沫型灭火器

图5—4　干粉型灭火器

图5—5　二氧化碳灭火器

2. 按灭火器移动方式分为手提式灭火器、推车式灭火器（见图5—6）、背负式灭火器、悬挂式灭火器（见图5—7）。

MJPT45

图5—6　推车式灭火器

图5—7　悬挂式灭火器

3. 按气体的储存位置分为储气瓶式灭火器和储压式灭火器。

使用最广的移动灭火器是干粉灭火器。干粉是干燥的固体粉末，是由灭火主剂和少量的添加剂经研磨而成的一种化学灭火剂。目前，我国生产和使用的主要是碳酸氢钠干粉灭火器和磷铵干粉灭火器。它们同时适用于 A、B、C 类火灾，具有灭火速度快、对人畜无毒害等特点。

三、使用方法

下面以常见的干粉灭火器为例介绍灭火器的使用方法。

1. 扑救火灾时，手提或肩扛干粉灭火器，上下颠几次，离火点 3～4 m 时，拔出保险销，一手握紧喷嘴，对准火源，另一手的大拇指将压把按下，干粉即可喷出。灭火时要迅速摇摆喷嘴，使粉雾横扫整个火区，由近及远，向前推移，迅速将火扑灭。

2. 灭火要迅速、彻底，不要遗留残火，以防复燃。

3. 灭火时，不要冲击液面，以防液体溅出，导致灭火困难。

干粉灭火系统可以分为手动操作系统、半自动操作系统和自动操作系统。一般在经常有人停留的房间，可以采用人工操作系统；在人员难以接近或值班室离被保护房间较远，且生产装置自动化程度较高及人员不经常停留的地方，采用远距离启动的干粉灭火系统，其电气启动（或气动启动）的按钮操作装置在灭火房间外设置；在自动化程度较高的场所，常设火灾报警系统与干粉灭火装置联动的自动干粉灭火系统。亦可根据需要设置半自动与自动合用的干粉灭火系统，即设转换开关，在白天采用半自动，晚间采用自动操作系统。

模块三　泡沫灭火系统

知识技能要求

1. 了解泡沫灭火剂的分类。
2. 掌握泡沫灭火系统的原理。

一、泡沫灭火剂的分类

泡沫灭火剂按发泡倍数不同，可分为低倍数泡沫、中倍数泡沫和高倍数泡沫三类。低倍数泡沫是指发泡倍数不大于 20 的灭火泡沫，也就是泡沫混合液吸入空气后，体积膨胀不大于 20 倍的泡沫。中倍数泡沫是指发泡倍数为 21～200 的灭火泡沫。高倍数泡沫是指发泡倍数为 201～1 000的灭火泡沫。

泡沫灭火系统可用于扑救易燃、可燃液体的火灾或大面积的流淌火灾。

低倍数泡沫灭火系统按泡沫的释放方式不同可分为液上喷射、液下喷射、泡沫喷淋和固定式泡沫四类。按设备安装方式不同又分为固定式、半固定式和移动式三类，如图5—8～图5—11所示。

高倍数、中倍数泡沫灭火系统与低倍数泡沫灭火系统相比，具有发泡倍数高、灭火速度快、水渍损失小的特点，可用淹没和覆盖的方式扑灭 A、B 类火灾，可有效地控制液化石油气、液化天然气的流淌火灾。尤其是高倍数泡沫，可迅速充满大空间的火灾区域，阻断隔绝燃烧蔓延，对 A 类火灾有良好的"渗透性"，可以消灭淹没高度内的

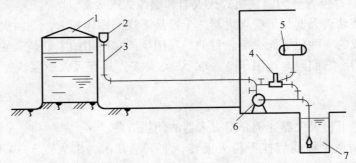

图5—8　固定式液上喷射泡沫灭火系统

1—油罐　2—泡沫产生器　3—泡沫混合液管道　4—比例混合器

5—泡沫液罐　6—泡沫混合液泵　7—水池

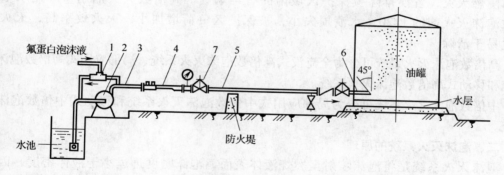

图5—9　固定式液下喷射泡沫灭火系统

1—环泵式比例混合器　2—泡沫混合液泵　3—泡沫混合液管道
4—液下喷射泡沫产生器　5—泡沫管道　6—泡沫注入管　7—背压调节阀

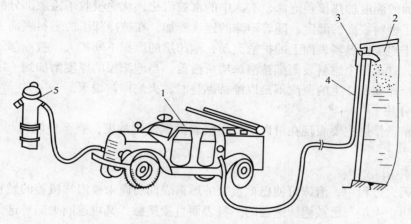

图5—10　半固定式液上喷射泡沫灭火系统

1—泡沫消防车　2—油罐　3—泡沫产生器　4—泡沫混合液管道　5—地上式消火栓

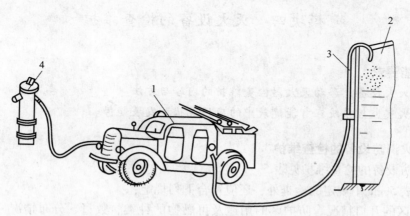

图5—11　移动式泡沫灭火系统

1—泡沫消防车　2—油罐　3—泡沫钢管　4—地上式消火栓

固体阴燃火灾，置换排除被保护区域内的有毒烟气。高倍数灭火剂用量和用水量为低倍数泡沫灭火剂的1/20，水渍损失小，被保护区负荷增加小，灭火效率高，灭火后泡沫也易于清除。

高倍数泡沫灭火系统可分为全淹没式高倍数泡沫灭火系统、局部应用式高倍数泡沫灭火系统和移动式高倍数泡沫灭火系统。

中倍数泡沫灭火系统可分为局部应用式中倍数泡沫灭火系统和移动式中倍数泡沫灭火系统。

二、泡沫灭火系统的原理

泡沫灭火系统是将泡沫喷射至燃烧液体表面，泡沫密度远远小于液体密度，因而可以漂浮于液体表面，形成一个连续的泡沫覆盖层，在冷却、窒息、遮断作用下完成灭火。

1. 冷却作用

燃料表面的温度加热覆盖泡沫，泡沫中的水被汽化，从而吸收了接触部分的燃料表面的热量，降低了燃料表面的温度，随着泡沫的连续施加，在被冷却了的燃料表面上形成了一个泡沫层。由于泡沫在燃料表面上的扩散流动，泡沫层的面积不断扩大，被冷却的燃料表面积也越来越大，直至整个燃料表面都被泡沫层所覆盖。当泡沫层的厚度增加到一定程度，并且燃料表面被冷却到所产生的蒸汽不足以维持燃烧时，火焰即被熄灭。

2. 窒息作用

泡沫的窒息作用主要表现在可以降低燃料表面氧气的浓度，直至使燃料与大气（氧气）完全隔开。

3. 遮断作用

在泡沫灭火过程中，泡沫可使已被覆盖的燃料表面与尚未被泡沫覆盖的燃料的火焰隔离开来，既可防止火焰与已被泡沫遮盖的燃料表面直接接触，又可遮断火焰对这部分燃料表面的热辐射，有助于泡沫冷却作用的发挥，又可有助于窒息作用的加强。

模块四　灭火设备的检查维护

知识技能要求

1. 掌握灭火设备、移动灭火器检查维护的内容与方法。
2. 了解火灾监控系统在智能建筑中的应用现状和发展趋势。

一、灭火消防设备的检查维护

灭火消防设备的检查维护见表5—1。

除进行表5—1中规定的检查外，还应符合下列规定：

1. 防护区的开口情况、防护区的用途及可燃物的种类、数量、分布情况，应符合设计要求。防护区外的疏散通道应保持畅通。

2. 灭火剂储存容器间设备、灭火剂输送管道以及支、吊架的固定应无松动现象。

3. 高压软管应无变形、裂纹及老化。必要时，应按施工的规定，对每根高压软管进行水压强度试验和气压严密性试验。

4. 每个喷嘴的孔口均应无堵塞现象。

5. 对灭火剂储存容器逐个进行称重检查，灭火剂质量不应小于设计量的95%。

6. 若灭火剂的输送管道有损伤与堵塞现象，则应按施工规定，对其进行严密性试验和吹扫。

7. 对每个防护区进行一次模拟自动启动试验，如有不合格项目，则应对相应防护区排除故障后，再进行一次模拟喷气试验。

表5—1　　　　　　　　　　　　　灭火消防设备的检查维护

系统名称	检查项目	检查内容	检查要求	备注
气体灭火系统	每日检查	储瓶间	设备齐全、工作正常	填写《系统每日运行登记表》
		容器阀	设有泄压装置	
		集流管	设有泄压装置	
		压力	灭火剂储存容器的压力符合规范要求	
		喷嘴	无损坏、锈蚀、堵塞	
		防静电接地装置	工作正常	
泡沫灭火系统	每日检查	泡沫消防泵	无损坏、锈蚀、渗漏	填写《系统季度检查登记表》
		喷头	无损坏、锈蚀、堵塞	
	季度检查	比例混合器	水流方向与比例混合器箭头方向相同	
		液上泡沫产生器	无损坏、锈蚀、渗漏	
		液下泡沫产生器	无损坏、锈蚀、渗漏	
		高倍数泡沫发生器	无损坏、锈蚀、渗漏	
		泡沫炮	泡沫炮清洁、蜗轮和蜗杆旋转灵活	

二、移动灭火器材的检查维护

1. 干粉灭火器必须放在通风干燥的地方，各连接部件要拧紧，喷嘴要堵好，以防干粉受潮结块。

2. 存放期间应避免阳光暴晒和火烤，以防钢瓶中的二氧化碳因温度升高而压力增大使钢瓶漏气。

3. 每年应检查一次桶内粉末是否结块，检查二氧化碳量是否充足，用完后应重新灌装和充气。

三、泡沫灭火系统的检查维护

1. 一般规定

（1）泡沫灭火系统验收合格方可投入运行。

（2）泡沫灭火系统投入运行前，建设单位应配齐经过专门培训并通过考试合格的人员负责系统的维护、管理、操作和定期检查。

（3）泡沫灭火系统正式启用时，应具备下列条件：

1）建设单位在泡沫灭火系统验收前提交所规定的九项技术资料。

2）操作规程和系统流程图。

3）值班员职责。

4）系统的检查记录表。

5）已建立泡沫灭火系统的技术档案。

2．系统的定期检查和试验

（1）每周应对消防泵和备用动力进行一次启动试验，并应按国家标准有关规定填写系统周检记录表。

（2）每季度应对系统进行检查，检查内容及要求应符合下列规定，并应按国家标准有关规定填写系统季检记录表。

1）对低、中、高倍数泡沫发生器，泡沫喷头，固定式泡沫炮，泡沫比例混合器进行外观检查，所检查项目应完好无损。

2）对固定式泡沫炮的回转机构、仰俯机构或电动操动机构进行检查，性能应达到标准的要求。

3）消火栓和阀门的开启与关闭应自如，不应锈蚀。

4）压力表、管道过滤器、金属软管、管道及附件不应有损伤。

5）电源和电气设备工作状况应良好。

6）供水水源及水位指示装置正常。

（3）每年应对系统进行检查，检查内容及要求除季检规定的项目外，还应符合下列规定，并应按国家标准有关规定填写系统年检记录表。

1）年检时，除低、中倍数泡沫混合液立管和液下喷射防火堤内泡沫管道以及高倍数泡沫发生器进口端控制阀后的管道外，其余管道应全部冲洗，清除锈渣。

2）对低、中倍数泡沫混合液立管，只清除锈渣。

（4）系统运行每隔2～3年，应按下列规定对系统进行彻底的检查和试验，并应按国家标准有关规定填写系统年检记录表。

1）对于低倍数泡沫灭火系统中的液上及液下喷射、泡沫喷淋、固定式泡沫炮和中倍数泡沫灭火系统进行喷泡沫试验，并对系统所有的设备、设施、管道及附件进行全面检查。

2）对于高倍数泡沫灭火系统，可在防护区内进行喷泡沫试验，并对系统所有设备、设施、管道及附件进行全面检查。

3）系统检查和试验完毕，应对消防泵、泡沫液管道、泡沫混合液管道、泡沫管道、泡沫比例混合器、管道过滤器等用清水进行彻底冲洗，清除锈渣，并立即放空，然后涂漆。

（5）对检查和试验中发现的问题应及时解决，对损坏或不合格者应立即更换，并应使系统恢复到正常状态。

练 习 题

一、填空题

1. 常用的灭火气体有_____气体、_____气体、惰性气体。

2. 气体灭火必须在_____的空间，环境温度应_____（高于、低于）灭火剂的沸点，经过用量的计算，气体要有足够的浓度才能达到灭火的要求。

3. 现场就近使用_____灭火器，是扑灭早期火灾的有效措施。

4. 火灾的种类有 A、B、C、D、E 类。A 类火灾是指_____的火灾；B 类火灾是指_____火灾和可熔化的固体物质火灾；C 类火灾是指_____火灾；D 类火灾是指_____火灾；E 类火灾是指_____火灾，指物体带电燃烧的火灾。

5. 灭火器按所充装的灭火剂类型分为：水型灭火器、_____型灭火器、干粉型灭火器、_____灭火器、_____灭火器。

二、选择题

1. 配置移动灭火设备的原则是同时能灭 A、B、C 类火灾，每一个配置场所（   ）。

A. 至少 1 具
B. 至少 2 具
C. 至少 2 具，且不宜多于 5 具
D. 至少 1 具，且不宜多于 5 具

2. 气体灭火启动过程，（   ）。

A. 是由感烟探测器报警后自动启动
B. 有延时，自动关闭防火门、窗及有关部位防火阀
C. 有延时，自动打开防火门，便于人员疏散
D. 立即自动启动喷射气体，进行灭火

3. 下面对火灾种类的叙述，（   ）是不对的。

A. A 类为固体物质的火灾
B. B 类为液体物质的火灾
C. C 类为气体火灾
D. D 类为电气火灾

4. 二氧化碳气体是一种常用的灭火剂，但空气中二氧化碳含量达到（   ）及以上时能使人窒息死亡。

A. 5%
B. 15%
C. 20%
D. 25%

5. 火灾种类的分类有 A、B、C、D、E 类，E 类火灾是指（   ）。

A. 固体物质的火灾
B. 液体火灾和可熔化的固体物质火灾
C. 金属火灾
D. 电气火灾，指物体带电燃烧的火灾

6. 使用最广的移动灭火器是干粉灭火器，它同时适用于（   ）火灾。

A. A、B、C 类
B. A、B、C、D 类
C. A、B、C、D、E 类
D. B、C、D、E 类

三、判断题

1. 常用的灭火气体有二氧化碳气体、七氟丙烷气体、惰性气体。（   ）

2. 气体灭火控制装置启动后，有延时，自动关闭防火门、窗及有关部位防火阀。

（   ）

3. 惰性气体灭火剂由氩气、氮气和二氧化碳混合而成，在使用惰性气体灭火剂灭火时，在场人员不需要撤离。　　　　　　　　　　　　　　　　　　　　　　　　　（　　）

4. 泡沫灭火系统可用于扑救易燃、可燃液体的火灾或大面积的流淌火灾。　　（　　）

四、问答题

1. 发生火灾时气体灭火系统是如何动作的？

2. 气体灭火系统的要求是什么？

五、实操题

移动灭火器的使用方法。

第六单元 防排烟系统

模块一 建筑防排烟系统的重要性

知识技能要求

熟悉火灾中烟气的危害及特点。

一、火灾中烟气的危害

火灾发生时，物质燃烧会产生烟。烟就是物质在燃烧反应过程中热分解生成的含有大量热量的气态、固态物质与空气的混合物。建筑材料、家具、布匹、纸张等可燃物在火灾时会受热分解，与空气中的氧发生燃烧反应，产生各种生成物。完全燃烧时，生成物较少，一般为二氧化碳、水、二氧化氮、五氧化二磷等；不完全燃烧时，除了上述生成物外，还可以产生一氧化碳、有机酸、碳化氢、酮类等。

火灾中烟气的危害很大，甚至是造成人员伤亡的主要因素。烟气的危害体现在以下几个方面。

1. 毒害性

（1）缺氧。人在呼吸含氧成分降低的空气时，从肺细胞输送到血液中的氧气量会减少，人就会出现缺氧现象。缺氧会影响人的脑机能，妨害人的判断力和行动，影响逃生。

（2）一氧化碳（CO）中毒。烟气中的 CO 对人有极大的威胁，CO 与红细胞的结合能力比氧气强 210 倍，CO 与红细胞结合后，会阻碍红细胞的输氧功能，造成人员窒息死亡。空气中 CO 浓度为 0.5% 时，人将在 20~30 min 内死亡；CO 浓度为 1% 时，人会在 1 min 内死亡。

（3）氢氰酸（HCN）。HCN 有强烈的毒性，会妨害细胞中氧化酶素的活性。氧化酶素对细胞内的氧化反应有催化作用，氧化酶素一旦受到伤害，将使细胞呼吸停止。当 HCN 浓度达到一定值时，可使人立即死亡。

（4）氯化氢（HCl）。HCl 对人体表面的皮肤及眼结膜和呼吸道内面的口、鼻、喉、气管及支气管的黏膜会造成伤害，轻则损伤、水肿或坏死，重则使人急性中毒死亡。

（5）二氧化碳（CO_2）。CO_2 本身并没有毒性，但它会使空气中氧的百分比降低，阻碍血液输送 O_2 的能力，导致人头痛、虚脱、意识不清，妨碍肌肉调节，使人行动不便。CO_2 浓度达到 5%~7% 时，30~60 min 内人即有危险；CO_2 浓度在 20% 以上时，人将在短时间内死亡。

2. 减光性和刺激性

火灾烟气中的烟雾粒小，对可见光有遮挡屏蔽作用。当烟气弥漫时，可视光受到烟雾粒子影响而大为减弱，使能见度大大降低，这就是烟气的减光性。

同时，再加上烟气中有些气体有强烈的刺激性，如 HCl、NH_3、SO_2、Cl_2 等，往往使人睁不开眼，从而在疏散过程中的前进速度大为降低。

3. 恐怖性

当发生火灾时，火焰和烟气冲出门窗孔洞，浓烟滚滚，烈火熊熊的场面十分恐怖。而且火场还会引起连锁反应，使人们感到惊慌失措，秩序混乱，严重影响人们的疏散速度。

二、火灾中烟气的特点

火灾发生时，由于可燃物不断燃烧，产生了大量的烟和热，并形成炽热的烟气流。由于高温烟气比周围常温空气密度小，因而产生浮力，使烟气在室内处于上升流动状态。

烟气的体积与其温度有关，当起火房间温度达到 800℃ 时，烟气体积将增大 4 倍。可见，支配烟气流动的能量主要来自燃烧产生的热量。

实验表明：烟气温度越高，流动速度越快，与周围空气的混合作用减弱；反之与周围空气的混合作用就会加剧。

烟气流动还与周围温度、流动的阻碍、通风和空调系统气流的影响干扰、建筑物本身的烟囱效应等因素有关。

烟气流动速度的一般规律为：

1. 水平流动

火灾初期，阴燃至起火阶段烟气流动速度为 0.1 ~ 0.3 m/s；火灾中期，旺盛阶段烟气流动速度为 0.5 ~ 0.8 m/s。

2. 垂直流动

在楼梯间烟气流动速度为 3 ~ 4 m/s；在竖井内或较高的楼梯间烟气流动速度为 6 ~ 8 m/s。

可见，建筑物（尤其是高层建筑物）一旦发生火灾，烟气将很快充满形成"烟囱效应"，迅速蔓延至走廊，进入楼梯、管道井等竖向空间后，数秒钟内即可由下而上蔓延至建筑物顶部，造成全部大楼起火。

因此，搞好防烟排烟设计与施工、控制烟气流动，对于保证安全疏散、限制火灾蔓延、将火灾损失减至最小具有重要意义。

模块二　建筑防排烟系统的原理及要求

知识技能要求

掌握防排烟系统的原理及设置要求。

一、防排烟系统的原理

从国内外火灾现场统计来看，超过半数的火灾死亡是烟熏所致，或者被烟熏晕后烧死。防排烟系统是一项重要的减灾措施。火灾产生的烟一般以一氧化碳为主，在这种气体的窒息作用下，人员的死亡率为 50% ~ 70%。由于烟气对人视线的遮挡，使人们在疏散时难以辨别方向，尤其是高层建筑因其自身的"烟囱效应"，烟的上升速率极快，如不及时排出会很快地垂直扩散至各处。因此，火灾发生后应立即使防排烟系统工作，把烟气迅速排出，并防止烟气窜入防烟楼梯、消防电梯及非火灾区内。

从建筑物对防烟排烟设施设置的要求可知：疏散通道特别是防烟楼梯间及其前室或合用

前室，以及进入前室的走廊，是设置防烟排烟设施的关键部位，特别是高层建筑。

一旦高层建筑发生火灾，要尽快将楼内的人员通过疏散通道疏散到安全地带。无论高层建筑的平面布局多么千变万化，在发生火灾时，人们一般总是由"房间—走廊—前室或合用前室—楼梯间—建筑物底层"到达室外。由于火灾时建筑物内停电，电梯自动停于首层，不能再作为疏散工具，所以楼梯间成为安全疏散的唯一的垂直通道。

高层建筑楼梯间是高层建筑中由底层通向楼顶的典型竖井，高层建筑内发生火灾时，由于"烟囱效应"，火灾燃烧生成的高温烟气沿着疏散通道通过楼梯间，完全有可能把楼梯间变成这个大楼的"烟囱"。

为保证疏散通道的安全，向楼梯间及其前室或与电梯间的合用前室机械送风，在楼梯间内造成一个大于走廊的正压气体压力。当疏散通道门在关闭的条件下，楼梯间通过门的缝隙向前室正压送风，前室再通过缝隙向走廊正压送风，从而使着火房间的烟气不能沿走廊进入前室；当疏散通道的门敞开时，则由楼梯间向前室、前室向走廊形成正压气流，阻止已进入走廊的烟气进入前室或合用前室；或者同时在走廊内设置机械排烟系统，避免高温烟气进入前室，使楼梯间内始终保持无烟，成为人们在火灾时可以安全疏散的通道。

二、防火和防烟分区的划分

1. 高层建筑内应采用防火墙、防火卷帘等划分防火分区，每个防火区允许的最大建筑面积应不超过表6—1的规定。

表6—1 防火分区建筑面积划分

建筑类别	每个防火分区建筑面积（m²）	建筑类别	每个防火分区建筑面积（m²）
一类建筑	1 000	地下室	500
二类建筑	1 500		

注：设有自动喷水灭火系统的防火分区，其允许最大建筑面积可按本表增加1倍；当设置灭火系统时，增加面积可按局部面积的1倍计算。

2. 对于高层建筑内的商业营业厅、展览厅等，当设有火灾报警系统和自动灭火系统，且采用不燃烧材料或难燃烧材料装修时，地上部分防火分区允许的最大建筑面积为4 000 m²，地下部分防火分区允许的最大建筑面积为2 000 m²。

3. 当高层建筑与其裙房之间设有防火墙等防火分割措施时，其裙房的防火分区允许的最大建筑面积为2 500 m²；当设有自动喷水灭火系统时，防火分区允许的最大建筑面积可增加1倍。

4. 当高层建筑内设有上下层相连通的走廊、敞开楼梯、自动扶梯、传送带等开口部位时，应将上下连通层作为一个防火分区，其允许的最大建筑面积之和应不超过表6—1的规定。当上下开口部位设有耐火极限大于3 h的防火卷帘或水幕等分割时，其面积可不叠加计算。

5. 高层建筑中的防火分区面积应按上下层连通的面积叠加计算，当超过一个防火分区面积时，应符合下列规定：

（1）房间与中厅回廊相通的门、窗，应设自行关闭的一级防火门、窗。

（2）与中厅相通的过厅、通道等，应设一级防火门或耐火极限大于3 h的防火卷帘分割。

（3）中厅每层回廊应设有自动灭火系统。

（4）中厅每层回廊应设火灾报警系统。

6. 设置排烟设施的走廊、净高不超过6 m的房间，应采用挡烟垂壁、隔墙或从顶棚下突出不小于 0.5 m 的梁划分防烟分区。

7. 每个防烟分区的建筑面积应不超过 500 m²，且防烟分区不应跨越防火分区。

三、防排烟系统设置的基本要求

1. 防排烟系统的主要作用有以下两个方面：

（1）在疏散通道和人员密集的部位设置防排烟设施，利于人员的安全疏散。

（2）将火灾现场的烟气和热量及时排出，以减弱火势的蔓延、排除灭火的障碍，是灭火的重要配套措施。

2. 目前，从设计防火规范的角度分析，高层建筑的下列部位要求设置独立的机械加压送风防烟设施：

（1）不具备自然排烟条件的防烟楼梯间、消防电梯前室或合用前室。

（2）采用自然排烟措施的防烟楼梯间，不具备自然排烟条件的前室。

（3）封闭避难层（间）。

3. 一类高层建筑和建筑高度超过 32 m 的二类高层建筑的下列部位要求设置独立的机械加压送风防烟设施：

（1）无直接自然通风、长度超过 20 m 的内走廊或虽有直接自然通风，但长度超过 60 m 的内走廊。

（2）面积超过 100 m²，而且经常有人停留或可燃物较多的地上无窗房间或设固定窗的房间。

（3）不具备自然排烟条件或净高度超过 12 m 的中庭。

（4）除利用窗井等开窗进行自然排烟的房间外，各房间总面积超过 200 m² 或一个房间面积就超过 50 m²，且经常有人停留或可燃物较多的地下室。

4. 人防工程要求设置机械加压送风防烟设施的部位有：

（1）防烟楼梯间及其前室（或合用前室）。

（2）避难通道及其前室。

5. 人防工程中要求设置机械加压送风防烟设施的部位有：

（1）建筑面积超过 50 m²，且经常有人停留或可燃物较多的各种房间、大厅或丙、丁类生产车间。

（2）总长度超过 20 m 的疏散通道。

（3）电影放映厅、舞台等。

其他普通工业与民用建筑还未从规范的角度做出强制性的规定，但在一些公共建筑中和一部分厂房内，也有根据需要设计防排烟设施的情况。

在工业建筑的顶部设机械排烟设施，平时起通风排气作用，火灾时发挥排热排烟作用。

模块三　防排烟系统的防排烟措施

知识技能要求

熟练掌握防排烟系统的防排烟方法。

一、防烟系统的防烟措施

高层建筑的防烟系统有正压送风和密闭防烟两种方式。

1. 正压送风防烟

对疏散通道的楼梯间进行机械送风，使其压力高于防烟楼梯间前室或消防电梯前室，而这些部位的压力又比走廊和火灾房间要高些，这种防止烟气侵入的方式，称为正压送风方式。送风可直接利用室外空气，不必进行任何处理。烟气则通过远离楼梯间的走廊外窗或排烟竖井排至室外。

（1）设置地点。加压防烟是一种有效的防烟措施，但它造价高，一般只在一些重要建筑和重要部位才使用这种加压防烟措施，目前主要用于高层建筑的垂直疏散通道和避难层。采用加压防烟的具体部位见表6—2。

表6—2　　　　　　　　　　高层建筑中必须采用加压防烟的部位

序号	需要防烟的部位	有无自然排烟的条件	建筑类别	加压送风部位
1	防烟楼梯间及前室	有或无	建筑高度超过50 m的一类公共建筑和高度超过100 m的居住建筑	防烟楼梯间
2	防烟楼梯间及其合用前室	有或无		消防电梯前室
3	防烟楼梯间	有或无		防烟楼梯间和合用前室
4	防烟楼梯间前室	无	除上述类别的高层建筑	防烟楼梯间
	防烟楼梯间	有或无		
5	防烟楼梯间	无		防烟楼梯间
	合用前室	有		
6	防烟楼梯间和合用前室	无		防烟楼梯间和合用前室
7	防烟楼梯间	有		前室或合用前室
8	前室或合用前室	无		
	消防电梯前室	无		消防电梯前室
9	避难层（间）	有或无		避难层（间）

正压送风的原理早已在其他很多方面应用，如洁净厂房、无菌手术室等。在建筑物发生火灾时，利用这一原理，提供不受烟气干扰的疏散通道和避难场所。例如，常用在不具备自然排烟条件的疏散楼梯、消防电梯前室、封闭的避难层（间），采用机械加压送风方式，以阻挡火灾烟气通过门洞或门缝流向无烟区，如图6—1所示。

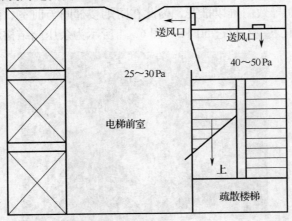

送风口

送风口

40～50 Pa

25～30 Pa

电梯前室

上

疏散楼梯

图6—1　正压送风示意图

（2）设置原则。加压部位与着火区要有一定的压力差，才能有效阻止烟气的侵入。送风机供给的压力，应维持防烟楼梯间的压力为40～50 Pa，合用前室、避难层的压力为25～30 Pa。该项指标由消防监督机构测试。防烟楼梯和合用前室因要求压力不同，宜分别设送风系统。合用前室每层一个送风口，疏散楼梯可每2～3层一个送风口。

要注意防火门的配合。防火门有常闭和常开两种，对于人员较多的通道，宜设为常开。而火灾时，常开防火门必须能可靠关闭，加压送风系统才能真正发挥作用。

（3）系统组成。正压送风系统由加压送风机、送风道、加压送风口及自动控制器等组成。它依靠加压送风机供给建筑物内被保护部位新鲜空气，使该部位的室内压力高于火灾压力，形成压力差，从而防止烟气侵入被保护部位。

1）加压送风机。加压送风机可采用中、低压离心式风机或轴流式风机，其位置根据电源位置、室外新风入口条件、风量分配情况等因素来确定。机械加压送风机的全压，除计算最不利环管压头外，还有余压，余压值在楼梯间为40～50 Pa，前室、合用前室、消防电梯间前室、封闭避难层（间）为25～30 Pa。

2）加压送风口如图6—2所示。楼梯间的加压送风口一般采用自垂式百叶风口或常开的百叶风口。当采用常开的百叶风口时，应在加压送风机出口处设置止回阀。楼梯间的加压送风口一般每隔2～3层设置一个。前室的加压送风口为常开的双层百叶风口，每层均设一个。

图6—2　加压送风口

3）加压送风道。加压送风道采用密实不漏风的非燃烧材料制成。

4）余压阀如图6—3所示。为保证防烟楼梯间及前室、消防电梯前室和合用前室的正压值，防止正压值过大而导致门难以推开，为此在防烟楼梯间与前室、前室与走廊之间设置余压阀以控制正压间的正压差不超过50 Pa。图6—4所示为余压阀结构示意图。

图6—3　余压阀

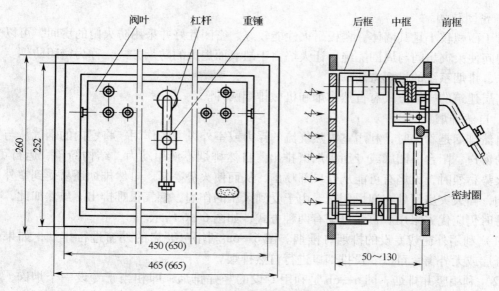

图6—4 余压阀结构示意图

（4）动作过程。当火灾发生时，正压送风系统接收到控制器发出的联动命令，开启正压送风机并且打开相关层的送风口。图6—5所示为正压送风系统图。

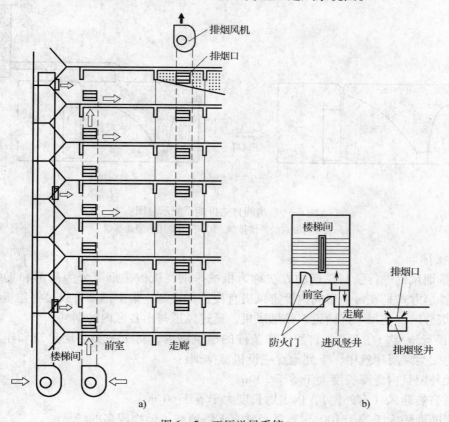

图6—5 正压送风系统

a）对楼梯间正压送风　b）对疏散通道正压送风

2. 密闭防烟

对于面积较小且其墙体、楼板耐火性能较好、密闭性好并采用防火门的房间，可以采取关闭房间使火灾房间与周围隔绝，让火焰由于缺氧而熄灭的防烟方式，称为密闭防烟。

二、排烟系统的排烟方法

高层建筑的排烟方式有自然排烟和机械排烟两种。

1. 自然排烟

自然排烟是着火时，利用室内热气流的浮力或室外风力的作用，将室内的烟气从与室外相邻的窗户、阳台、凹廊或专用排烟口排出。自然排烟不使用动力，结构简单、运行可靠，但当火势猛烈时，火焰有可能从开口部喷出，从而使火势蔓延。自然排烟还易受到室外风力的影响，当火灾房间处在迎风侧时，由于受到风压的作用，烟气很难排出。虽然如此，在符合条件时仍应优先采用。自然排烟有两种方式，如图6—6所示。

（1）利用外窗或专设的排烟口排烟。图6—6a利用可开启的外窗进行排烟，如果外窗不能开启或无外窗，可以专设排烟口进行自然排烟。

（2）利用竖井排烟。图6—6b是利用专设的竖井排烟，即相当于专设一个烟囱，各层房间设排烟风口与之连接，当某层起火有烟时，排烟风口自动或人工打开，热烟气即可通过竖井排到室外。

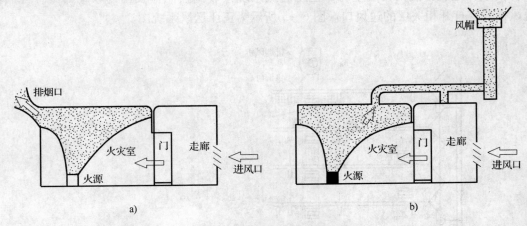

图6—6 房间自然排烟系统示意图

a）利用可开启的外窗排烟 b）利用专用的竖井排烟

2. 机械排烟

使用排烟风机进行强制排烟的方法称为机械排烟，机械排烟可分为局部和集中排烟两种。局部排烟方式是在每个房间内设置风机直接进行排烟；集中排烟方式是将建筑物划分为若干个防烟分区，在每个区内设置排烟风机，通过风道排出各区内的烟气。

（1）设置地点。在不具备自然排烟条件的建筑物内，对于一类高层建筑和建筑高度超过32 m的二类高层建筑中，下列地点应设机械排烟：

1）无外窗且内走廊长度大于等于20 m。

2）有自然通风（有外窗），内走廊长度大于等于60 m。

3）房间面积大于等于100 m^2，且经常有人停留或可燃物较多的场所。

4）地下室房间大于等于50 m^2，且经常有人停留或可燃物较多的场所。

（2）设置原则

1）排烟口按防烟分区设置。位置最好接近防烟分区中心，最远点到排烟口的水平距离不大于 30 m。

2）排烟口安装高度在距顶 800 mm 以内。当顶高于 3 m 时，排烟口设在 2.1 m 的墙上，距可燃构件不应小于 1 m。出入口上方不宜设排烟口，排烟口与出入口的距离大于 1.5 m，以免负压产生烟团，不利于安全疏散。

3）对于地下室，排烟的同时要进行补风。按规范要求，补风量不小于排烟量的 50%。

（3）系统组成。机械排烟系统由防烟垂壁、排烟口、排烟道、排烟阀、排烟防火阀及排烟风机等组成。

1）排烟口。排烟口一般尽可能布置在防烟分区的中心，距最远点的水平距离不能超过 30 m。排烟口应设在顶棚或靠近顶棚的墙面上，且与附近安全出口沿走廊方向相邻边缘之间的水平距离不小于 15 m。排烟口平时处于关闭状态，当火灾发生时，自动控制系统使排烟口开启，通过排烟口将烟气及时迅速排至室外。排烟口也可作为送风口。图 6—7 所示为板式排烟口示意图。

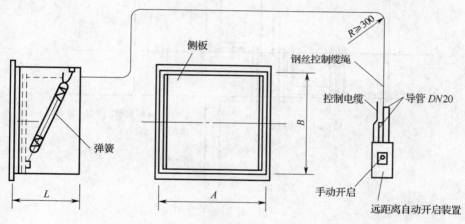

图 6—7 板式排烟口示意图

2）排烟阀（见图 6—8）。排烟阀应用于排烟系统的风管上，平时处于关闭状态，火灾发生时，感烟探测器发出火警信号，控制中心输出 DC 24 V 电源，使排烟阀开启，通过排烟口进行排烟。图 6—9 所示为排烟阀示意图，图 6—10 所示为排烟阀安装图。

3）排烟防火阀。排烟防火阀适用于排烟系统管道上或风机吸入口处，兼有排烟阀和防烟阀的功能。排烟防火阀平时处于关闭状态，需要排烟时，其动作和功能与排烟阀相同，可自动开启排烟。当管道气流温度达到 280℃ 时，阀门靠装有易熔金属的温度熔断器而自动关闭，切断气流，防止火势蔓延。图 6—11 所示为远距离排烟防火阀示意图。

图 6—8 排烟阀

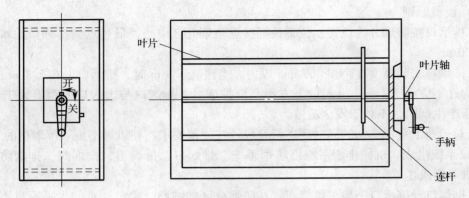

图6—9 排烟阀示意图

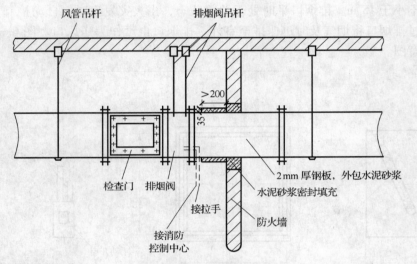

图6—10 排烟阀安装图

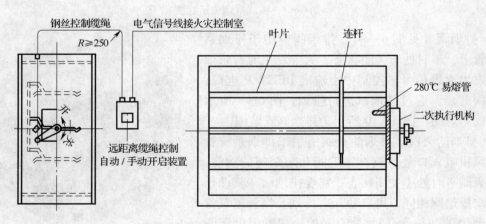

图6—11 远距离排烟防火阀

4）排烟风机。排烟风机有离心式和轴流式两种类型，排烟系统中一般采用离心式风机。排烟风机在构造性能上具有一定的耐燃性和隔热性，以保证温度在280℃时输送烟气能够正常连续运行 30 min 以上。排烟风机装置的位置一般设于该风机所在的防火分区的排烟系统中最高排烟口的上部，并设在该防火分区的风机房内。风机外缘与风机房墙壁或其他设备的间距应保持在 0.6 m 以上。排烟风机设有备用电源，且能自动切换。

排烟风机的启动采用自动控制方式，启动装置与排烟系统中每个排风口连锁，即在该排烟系统任何一个排烟口开启时，排烟风机都能自动启动。

（4）动作过程。当火灾发生时，接收到控制器发出联动命令，同一防烟分区的排烟口、排烟阀同时打开；同时，相应的排烟机打开。当排烟机管道内的温度达到 280℃ 时，排烟阀关闭，相应的排烟机停机。当补风管道内的温度达到 70℃ 时，相应的补风机停机。

模块四　建筑防排烟系统的联动控制

知识技能要求
1. 掌握防排烟系统的控制方式。
2. 掌握防排烟系统原理图及联动控制程序。

发生火灾时或在火势发展过程中，防排烟设备的控制和监视，可以正确地控制和监视防排烟设备的动作顺序，使建筑物内防排烟达到理想的效果，以保证人员的安全疏散和消防人员的顺利扑救。

对于建筑物内的小型防排烟设备，因平时没有监视人员，所以不可能集中控制，一般当发生火灾时在火场附近进行局部操作；对大型防排烟设备，一般均设有消防控制室来对其进行控制和监视，常将其设在建筑的疏散层或疏散层邻近的上一层或下一层。

一、防排烟系统的控制

1. 防排烟系统的控制方式

一般防排烟控制有中心控制和模块控制两种方式。图 6—12 所示为中心控制方式，消防中心控制室接到火灾报警信号后，直接产生信号控制排烟阀门开启、排烟风机启动，空调、送风机、防火门等关闭，并接收各个设备的返回信号和防火阀动作信号，监测各个设备的运行状态。图 6—13 所示为模块控制方式，消防中心控制室接收到火灾报警信号后，产生排烟风机和排烟阀门等的动作信号，经总线和控制模块驱动各个设备动作并接收其返回信号，监测其运行状态。

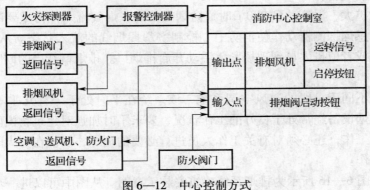

图 6—12　中心控制方式

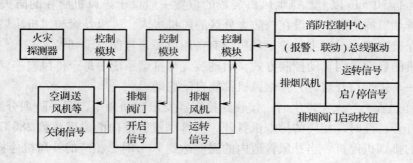

图6—13　模块控制方式

2. 防排烟系统的联动控制

防排烟设备主要包括正压送风机、排烟风机、送风阀及排烟阀，以及防火卷帘门、防火门等。防排烟系统一般在选定自然排烟、机械排烟、自然与机械排烟并用或机械加压送风方式后设计其电气控制。因此，防排烟系统的电气控制所确定的防排烟设备，由以下不同内容与要求组成：消防控制室能显示各种电动防排烟设备的运行情况，并能进行联动控制和就地手动控制；根据火灾情况打开有关排烟道上的排烟口，启动排烟风机（有正压送风机时同时启动），降下有关防火卷帘及防烟垂壁，打开安全出口的电动门，与此同时，关闭有关的防火阀及防火门，停止有关防烟分区内的空调系统；设有正压送风的系统则同时打开送风口、启动送风机等。

图6—14所示为具有紧急疏散楼梯及前室的高层楼房的排烟系统原理图。图中左侧纵轴表示火灾发生后火势逐渐扩大至各层的活动状况，并依次表示了排烟系统的操作方式。

首先，火灾发生时由感烟探测器感知，并在消防中心控制室显示所在分区。以手动操作为原则将排烟口开启，排烟风机与排烟口的操作连锁启动，人员开始疏散。

火势扩大后，排烟风道中的阀门在温度达到280℃时关闭，停止排烟（防止烟温过高引起火灾）。这时，火灾层的人员全部疏散完毕。

当建筑物不能由防火门或防火卷帘构成分区时，火势扩大，烟气扩散到走廊中。对此，与火灾房间一样，由感烟探测器感知，消防中心控制室仍能随时掌握情况，这时打开走廊的排烟口（房间和走廊的排烟设备一般分别设置，即使火灾房间的排烟设备停止工作后，走廊的排烟设备也能运行）。

若火势继续扩大，温度达到280℃时，防烟阀关闭，烟气流入作为重要疏散通道的楼梯间前室。这里的感烟探测器动作使消防中心控制室掌握烟气的流入状态。从而在防灾中心，依靠远距离操作或者值班人员到现场紧急手动开启排烟口。排烟口开启的同时，进风口也随即开启。

防排烟系统不同于一般的通风空调系统，该系统在平时处于一种几乎不用的状况。但是，为了使防排烟设备经常处于良好的工作状况，要求平时加强对建筑物内防火设备和控制仪表的维修管理工作，还必须对有关工作人员进行必要的训练，以便在失火时能及时组织人员疏散和扑救工作。

图6—15和图6—16所示为排烟系统建筑安装示意图。从图中可以进一步清楚明白地看

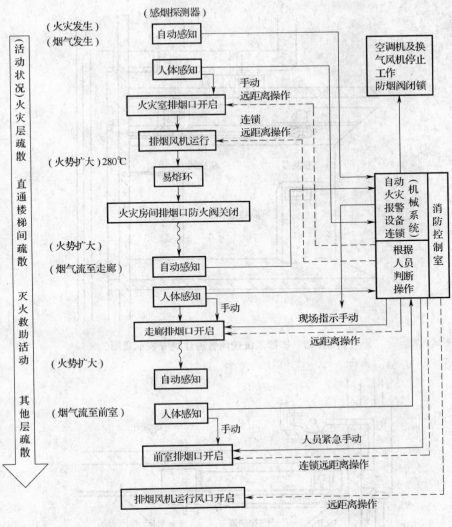

图 6—14　排烟系统原理图

注：虚线表示辅助手段。

出排烟阀的安装位置和作用。在由空调控制的送风管道中安装的两个排烟防火阀，在着火时应该能自动关闭，停止送风。在回风管道回风口处安装的排烟防火阀也应在着火时能自动关闭，但在由排烟风机控制的排烟管道中安装的排烟防火阀，在着火时则应打开排烟。在防火分区入口处安装的防火门，在火灾警报发出后应能自动关闭。

送风机及排烟机一般由三相异步电动机驱动。高层建筑中的送风机通常装在建筑物的下面 2~3 层，排烟机均装在建筑物顶层。送风机及排烟机的电气控制电路多采用常规线路，其中控制送风机或排烟机的启动继电器灯和风机信号灯均装在消防控制中心时，需要用 4 根连接线来传送控制及反馈信号。

二、电动送风阀、排烟阀的控制

送风阀或排烟阀装在建筑物的过道、防烟前室或无窗房间的防排烟系统中，用做排烟口

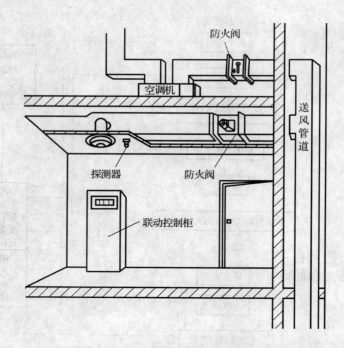

图 6—15　排烟系统送风管道建筑安装示意图

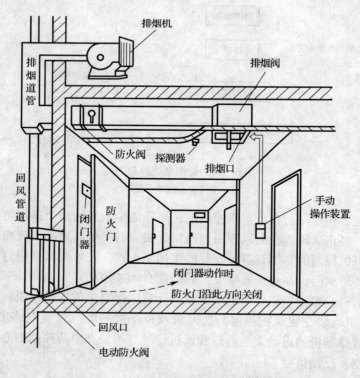

图 6—16　排烟系统回风管道建筑安装示意图

或正压送风口。平时阀门关闭，当发生火灾时，阀门接收电动信号打开。送风阀或排烟阀的电动操作机构一般采用电磁铁，当电磁铁通电时，即执行开阀操作。电磁铁可以由消防控制中心火警联动控制或自启动控制，既可以由自身的温度熔断器动作实现控制，也可以就地（现场）手动操作控制。当阀门打开后，微动（行程）开关便接通信号回路，向控制室返回阀门已开启的信号或联动控制其他装置。

三、防火阀及排烟防火阀的控制

防火阀正常时是打开的，当发生火灾时，随着烟气温度的上升，熔断器熔断，使阀门自动关闭，一般用在有防火要求的通风及空调系统的风道上。防火阀可手动复位（打开），也可用电动机构进行操作。电动机构通常采用电磁铁，接受消防控制中心的命令而关闭阀门。排烟防火阀的工作原理与防火阀相似，只是在机构上还有排烟要求。

练 习 题

一、填空题

1. 对于不具备自然排烟条件的场所，应采用_____。
2. 高层建筑的防烟系统有_____和_____两种方式。
3. 正压送风系统由_____、送风道、_____及自动控制等组成。
4. 高层建筑的排烟方式有_____排烟和_____排烟两种。
5. 机械排烟系统由防烟垂壁、_____、排烟道、_____、排烟防火阀及排烟风机等组成。

二、选择题

1. 在不具备自然排烟条件的（   ），着火时通常采用加压送风。
A. 疏散楼梯、电梯前室、地下室　　　　B. 疏散楼梯、电梯前室、避难层
C. 疏散楼梯、避难层、控制中心　　　　D. 疏散楼梯、电梯前室、地下室泵房
2. 着火时，对空调系统的处理方法是（   ）。
A. 用70℃防火阀切断管路，并停空调机　　B. 用280℃防火阀切断管路，并停空调机
C. 用防火阀切断管路，可以不停空调机　　D. 用防火阀停空调机，可以不切断管路
3. 消防排烟风机管道中（   ）的熔点温度为280℃时，应关闭排烟风机。
A. 热保护器　　　　　　　　　　　　　B. 防火阀
C. 消防模块　　　　　　　　　　　　　D. 消防排烟风机
4. 排烟防火阀适用于排烟系统管道上或风机吸入口处，兼有排烟阀和防火阀的功能。当管道气流温度达到（   ）时，阀门靠装有易熔金属的温度熔断器而自动关闭，切断气流，防止火灾蔓延。
A. 70℃　　　　　　　　　　　　　　　B. 150℃
C. 200℃　　　　　　　　　　　　　　　D. 280℃

三、判断题

1. 消防排烟过程中，关闭排烟风机应在排烟风机管道内的烟气温度达到280℃时进行。

（   ）

2. 近年来的火灾，常常是烟熏窒息或中毒的人数多于直接烧死的人数。防排烟系统是

一项重要的减灾措施。　　　　　　　　　　　　　　　　　　（　　）

　　3. 排烟口一般尽可能布置在防烟分区的中心，距最远点的水平距离不能超过30 m。（　　）

四、问答题

　　1. 正压送风的设置原则有哪些？

　　2. 机械排烟的设置原则有哪些？

　　3. 机械排烟的动作过程是什么？

第七单元　防火隔离系统

在建筑物内部采取规定要求的防火墙、楼板及其他防火分隔措施进行分隔，用以控制和防止火灾向其邻近区域蔓延的封闭空间称为防火隔离系统。

防火分隔物是只能在一定时间内阻止火势蔓延，且能把建筑内部空间分隔成若干较小防火空间的物体，包括防火门、防火窗、防火卷帘、防火阀、排烟防火阀等。

模块一　防 火 分 区

知识技能要求

熟悉民用建筑和高层建筑防火分区的划分。

一、单层、多层民用建筑防火分区的划分

单层、多层民用建筑防火分区的面积是以建筑面积计算的。每个防火分区的最大允许建筑面积应符合表7—1的要求。

表7—1　　民用建筑的耐火等级、最大允许层数和防火分区最大允许建筑面积

耐火等级	最大允许层数	防火分区的最大允许建筑面积（m²）	备注
一、二级	不限	2 500	（1）体育馆、剧院的观众厅，展览建筑的展厅，其防火分区最大允许建筑面积可适当放宽 （2）托儿所、幼儿园的儿童用房和儿童游乐厅等儿童活动场所不应超过三层或设置在四层及四层以上楼层或地下、半地下建筑（室）内
三级	5层	1 200	（1）托儿所、幼儿园的儿童用房和儿童游乐厅等儿童活动场所、老年人建筑和医院、疗养院的住院部分不应超过二层或设置在三层及三层以上楼层或地下、半地下建筑（室）内 （2）商店、学校、电影院、剧院、礼堂、食堂、菜市场不应超过二层或设置在三层及三层以上楼层
四级	2层	600	学校、食堂、菜市场、托儿所、幼儿园、老年人建筑、医院等不应设置在二层
地下、半地下建筑（室）		500	—

注：建筑内设置自动灭火系统时，该防火分区的最大允许建筑面积可按本表的规定增加1倍；局部设置时，增加面积可按该局部面积的1倍计算。

二、高层建筑防火分区的划分

高层建筑防火分区的划分见表7—2。

表7—2   高层建筑防火分区的划分

建筑类别	每个防火分区建筑面积（m²）	建筑类别	每个防火分区建筑面积（m²）
一类建筑	1 000	地下室	500
二类建筑	1 500		

注：①设有自动灭火系统的防火分区，其最大允许建筑面积可按本表增加1倍；当局部设置自动灭火系统时，增加面积可按该局部面积的1倍计算；

②一类建筑的电信楼，其防火分区最大允许建筑面积可按本表增加50%。

模块二   防火门、防火卷帘的作用与控制方法

知识技能要求

熟练掌握防火门、防火卷帘的控制方法。

防火门及防火卷帘都是防火分隔物，有隔火、阻火、防止火势蔓延的作用。在消防工程应用中，防火门及防火卷帘的动作通常都是与火灾监控系统联动的，其电气控制逻辑较为特殊，是高层建筑中应该认真对待的被控对象。

一、防火门的作用与控制方法

1. 防火门的构造与原理

防火门由防火锁、手动及自动环节组成，如图7—1所示。

防火门锁按门的固定方式可以分为两种：门磁锁和电控锁，分别如图7—2、图7—3所示。

防火门的原理有两种：一种是防火门被永久磁铁吸住处于开启状态，当发生火灾时通过自动控制或手动关闭防火门。自动控制是由感烟探测器或联动控制盘发来指令信号，使电磁线圈的吸力克服永久磁铁的吸着力，从而靠弹簧将门关闭，手动操作是人力克服磁铁吸力，门即关闭；另一种是防火门被电磁锁的固定销扣扣住呈开启状态，发生火灾时，由感烟探测器或联动控制盘发出指令信号使电磁锁动作，或用手拉防火门使固定销掉下，门关闭。

2. 防火门的控制方法

防火门在建筑中的状态是：平时（无火灾时）处于开启状态，着火时控制使其关闭。防火门可用手动控制或电动控制（即现场感烟、感温火灾

图7—1 防火门

探测器控制，或由消防控制中心控制）。当采用电动控制时，需要在防火门上配备相应的闭门器及释放开关。防火门的工作释放开关平时通电吸合，使防火门处于开启状态，着火时通过联动装置自动控制加手动控制切断电源，由装在防火门上的闭门器使之关闭；另一种是平时不通电，着火时通电关闭的方式，即通常将电磁铁、液压泵和弹簧制成一个整体装置，平时不通电，防火门被固定销扣住呈现开启状态，着火时受连锁信号控制，电磁铁通电将销子拔出，防火门靠液压泵的压力或弹簧力作用而慢慢关闭，图7—4所示为防火卷帘门构造图。

图7—2　门磁锁实物图

图7—3　电控锁实物图

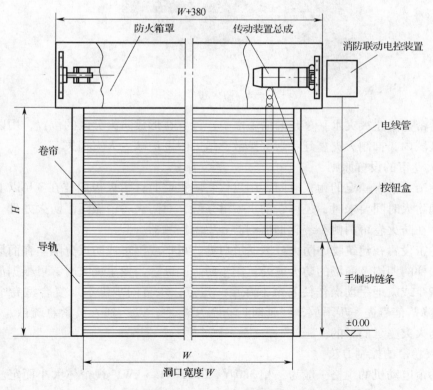

图7—4　防火卷帘门构造图

3. 电动防火门的控制要求

（1）重点保护建筑中的电动防火门应在现场自动关闭，不宜在消防控制室集中控制。

（2）防火门两侧应设专用的感烟探测器组成的控制电路。

（3）防火门宜选用平时不耗电的释放器，且宜暗设。

（4）防火门关闭后，应有关闭信号反馈到联动控制盘或消防中心控制室。

（5）防火门设置感烟探测器。当动作后，应自动关闭。

二、防火卷帘的作用与控制方法

1. 防火卷帘的作用

防火卷帘如图7—5所示。防火卷帘是一种活动的防火分隔物，一般用钢板等金属板材制成，以扣环或铰接的方法组成可以卷绕的链状平面，平时卷起放在门和窗口上的转轴箱中，起火时将其放下展开，用以阻止火势从门窗洞口蔓延。

图7—5　防火卷帘实物图

防火卷帘是防止火灾水平蔓延的措施之一，设置在形成防火分区的位置，用以把火灾控制在一个区域内，抑制火灾蔓延和烟雾扩散，最大限度地减少火灾损失。

2. 防火卷帘的设置原则

防火卷帘要求有一定的耐火时间，用以代替防火墙时，耐火极限要在3 h以上。当卷帘本身达不到耐火时间要求时，还可联动水喷淋系统，对防火卷帘做降温防火处理。根据设计规范要求，在防火卷帘两侧要装感烟探测器和感温探测器。

防火卷帘设置在建筑物中防火分区通道口处，可形成门帘或防火分隔。在商场中一般设置在自动扶梯的四周及商场的防火墙处，用于防火隔断。当发生火灾时，可根据消防控制室探测器的指令或就地手动操作使卷帘下降至一定点，水幕同步供水（复合型卷帘可不设水幕），接受降落信号先一步下放，经延时后再二步落地，以达到人员紧急疏散、灾区隔烟、隔火、控制火灾蔓延的目的。

3. 防火卷帘的控制方法

防火卷帘电动机的规格一般为三相380 V，0.55～1.5 kW，视帘体大小而定。控制电路为直流24 V。

（1）电动防火卷帘的组成及控制程序。电动防火卷帘的安装如图7—6所示。防火卷帘的控制程序如图 7—7 所示。

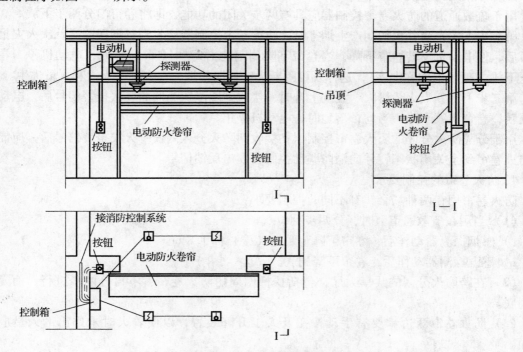

图 7—6 防火卷帘安装示意图

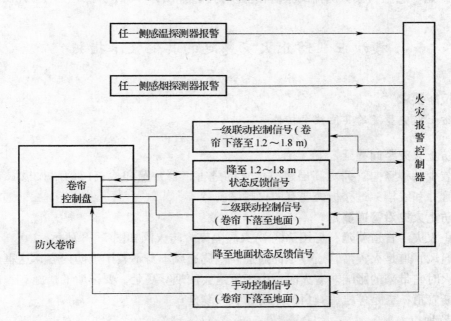

图 7—7 防火卷帘控制程序

（2）防火卷帘控制的联动调试。防火卷帘控制器应与消防联动控制器、火灾探测器、卷门机连接并通电，防火卷帘控制器应处于正常监视状态。

手动操作防火卷帘控制器的按钮，防火卷帘控制器应能向消防联动控制器发出防火卷帘启、闭和停止的反馈信号。

用于疏散通道的防火卷帘控制器应具有两步关闭的功能，即将卷帘门分两步下放。

第一步下放：当着火初期产生烟雾时，防火卷帘控制器接收到感烟探测器首次火灾报警信号后，使电动机反转卷帘下降，当卷帘下降到距地 1.2～1.8 m 定点时，电动机停，卷帘停止下放（现场中常称中停），这样既可隔断火灾初期的烟，也有利于灭火和人员逃生。

第二步下放：当火势增大、温度上升时，接收到感温探测器的二次报警信号后，电动机又反转，卷帘继续下降。当卷帘落地时，电动机停止。

用于分隔防火分区的防火卷帘控制器在接收到防火分区内任一火灾报警信号后，应能控制防火卷帘到全关闭状态，并向消防联动控制器发出反馈信号。

4. 防火卷帘的控制要求

防火卷帘用在两种场合，有不同的控制要求：

（1）当用在疏散通道上时，分两步到位。

1）感烟探测器动作后，卷帘下降至距地（楼）面 1.8 m。

2）感温探测器动作后，卷帘下降到底。

（2）在跨防火分区的共享大厅，包括扶梯四周的防火卷帘，不再分两步进行，而是一步到底。

（3）防火卷帘两边都要有手动按钮及人工升降装置，以便着火时未逃出的人员应急之用。

（4）感烟、感温火灾探测器的报警信号及防火卷帘的关闭信号应送至消防控制室。

模块三　防止火灾蔓延的其他技术措施

知识技能要求

熟悉防止火灾蔓延的其他技术措施。

一、防止火灾竖向蔓延

为了减少各种竖向管井对高层建筑火灾的危害，管井壁和检查门的耐火极限有一定要求；竖向管井和线槽穿过楼板处要有防火封堵。

二、防止火灾沿管道蔓延

为防止火灾沿管道蔓延，可用 70℃ 防火阀隔离，防火阀如图 7—8 所示。

空调通风管道是火灾沿管道蔓延的通道。空调通风本身不属于消防内容，这里只讨论如何减少着火时它带来的影响。着火时，由于管道会使烟雾蔓延，要采取的措施：一是用防火阀及时切断管道；二是停机，其目的是防止火灾蔓延。

1. 设置地点

在以下几个部位应设置 70℃ 防火阀：穿越防火分区、楼板；送回风总管穿越空调机房、重要场所（如贵宾室、贵重物品间）以及着火危险性较大的房间的隔墙处；多层建筑的垂直风管与水平风管的交叉处。

2. 动作过程

70℃防火阀的动作原理是当气流温度达到70℃时，防火阀上的易熔合金片熔化，在机械弹簧的作用下，阀门沿顺气流方向自行严密关闭。

另一种防火阀是靠控制器的命令动作自动关闭的，不论哪种关闭方式，都能接通电接点，发出反馈电信号，由该信号带动通风空调机停止运行。

三、对特殊场所的防护

对于有特殊设备（例如，建筑物内锅炉房、直燃机房、油浸变压器、柴油发电机房、充有可燃油的高压电容器、多油开关等）、具有燃烧和爆炸可能性的场所，应按《建筑设计防火规范》中的规定，用防火墙隔开。有易燃易爆物品的建筑，严禁附设在民用建筑内。

图7—8　防火阀

练 习 题

一、填空题

1. 防火卷帘具有两步关闭性能：火灾报警控制器收到_____的信号后，控制防火卷帘自动关闭至距地面1.8 m；控制器收到_____的信号后，控制防火卷帘全闭。

2. 防火分隔物是指能在一定时间内_____火势蔓延，且能把建筑内部空间分割成若干较小防火空间的物体，包括_____、_____、_____、防火阀、排烟防火阀等。

3. 防火门及防火卷帘都是防火分隔物，有_____、_____、_____火势蔓延的作用。

二、选择题

1. 着火时，对防火卷帘门的动作程序的描述，（　　）是不对的。

A. 疏散通道上的防火卷帘门，感烟动作时，下降到1.8 m，感温动作时，下降到底

B. 共享大厅的防火卷帘门，感烟动作时，一步下降到底

C. 各防火卷帘门的动作程序是感烟动作时，下降到1.8 m，感温动作时，下降到底

D. 疏散通道上的防火卷帘门，根据安装在两侧的感烟和感温的信号动作

2. 着火时，消防应急照明系统所起的作用不包括为（　　）提供电源。

A. 安全出口指示、疏散指示标志　　　　B. 消防泵房照明

C. 疏散通道照明　　　　　　　　　　　D. 消防电梯照明

三、判断题

1. 为防止火势沿管道蔓延，可用70℃防火阀隔离。　　　　　　　　　　（　　）

2. 感烟、感温火灾探测器的报警信号应送至消防控制室，防火卷帘的关闭信号可以不送至消防控制室。　　　　　　　　　　　　　　　　　　　　　　　　（　　）

3. 在跨防火分区的共享大厅，包括扶梯四周的防火卷帘，不再分两步进行，而是一步到底。　　　　　　　　　　　　　　　　　　　　　　　　　　　　　　（　　）

4. 防火卷帘是防火门的一种，它要求有一定的耐火时间，代替防火墙时，耐火极限要在 3 h 以上。 （　　）

四、问答题

1. 哪些措施有利于人员疏散？
2. 防火门的控制方法是什么？
3. 防火卷帘的作用是什么？
4. 防火卷帘门的控制要求是什么？
5. 对特殊场所应如何防护？

练习题参考答案

第一单元

一、填空题

1. 感温　感烟　感光　可燃气体
2. 总线制　多线制
3. 感温　感烟和感温
4. 感烟
5. 区域报警系统　集中报警系统　控制中心报警系统
6. DC24 V
7.《火灾自动报警系统设计规范》　　《火灾自动报警系统施工、验收规范》
8. 总线隔离
9. 机械加压送风
10. 报警　灭火　减灾

二、选择题

1. D　2. C　3. D　4. C　5. D　6. D　7. B　8. C

三、判断题

1. ×　2. ×　3. ×　4. √

四、问答题

1. 答：

（1）电源在末端切换，不仅电源有备用，线路也有备用，从而提高供电的可靠性。

（2）末端切换采用自动互投方式。

（3）消防设备采用放射式供电，每一个设备有独立的供电回路，不能环链式供电。

（4）供电开关不能采用漏电保护，更不能用插座供电。

2. 答：

商场的防护重点如下：

（1）营业厅面积大，四面环通，有自动扶梯层层相通，应强调落实防火分隔。

（2）可燃物多、商品集中陈列和堆放商品的柜台货架和库房。

（3）人员密度大、营业时会引起混乱，疏散困难。

（4）照明设备多、使用时间长、线路复杂。

公共娱乐场所的防护重点如下：

（1）舞台灯具功率高，发热量高、易燃物多。

（2）电影放映室胶片的存放和放映机的发热。

（3）舞厅配光设备多、装修考究、易燃物多。

（4）人员密度大，疏散困难。

3. 答：

控制器状态分为正常、火警、联动、故障 4 种，对于不同状态除有信号灯显示外，还有液晶屏显示（或 CRT 显示）。液晶屏显示优先级为：火警→联动→故障→正常。当上述 4 种情况同时发生时，则按所规定的优先级在液晶屏上显示。只有当较高一级事件排除并复位之后，才会显示其他事件。通过按"切换"键可在不同事件之间切换。

五、实操题

1. 探测器的基本安装要求：

（1）探测区域内的每个房间至少应设置一只火灾探测器。

（2）在宽度小于 3 m 的走廊顶棚上设置探测器时，宜居中布置。感温探测器的安装间距应不超过 10 m，感烟探测器的安装间距应不超过 15 m。探测器至端墙的距离应不大于探测器安装距离的一半。

（3）探测器至墙壁、梁边的水平距离应不小于 0.5 m。

（4）探测器周围 0.5 m 内不应有遮挡物。

探测器的安装步骤：

（1）安装探测器之前，应切断回路的电源并确认全部底座已安装牢固。

探测器的底座上有 4 个导体片，片上带接线端子，底座上不设定位卡，便于调整探测器报警确认灯的方向。布线管内的探测器总线分别接在任意对角的两个接线端子上（不分极性），另一对导体片用来辅助固定探测器。

（2）待底座安装牢固后，将探测器底部对正底座顺时针旋转，即可将探测器安装在底座上。

探测器宜水平安装，如必须倾斜安装时，倾斜角不应大于 45°。探测器报警确认灯应朝向便于人员观察的主要入口方向。

2.

（1）接通电源。电源有交流电源（主电）和直流电源（备电）两种。

1）交流电源。220 V 交流电源要求由两条各自独立的回路供电，在线路末端进行自动或手动切换，以保证交流供电电源的可靠性。

2）直流电源。能够变成 24 V 直流输出，可以用 UPS 电源或蓄电池，输出回路数由系统规模决定。正常情况下，交流电源运行，直流电源处于充电状态，一旦交流电源失电，直流电源应立即自动投入运行。接通电源后，面板上对应的交流电源指示灯或直流电源指示灯亮。系统一经投入运行，正常情况下，电源便不再关闭。

（2）自检。按下面板上的"自检"键，机器将自动进行自检，液晶屏显示自检画面，依次鸣叫动作音、故障音、火警音。

（3）复位。"复位"键主要是使控制器恢复初始监视状态。按下操作面板上的"复位"键后，提示输入密码，此时若输入密码正确，控制器复位后将所有火警、联动、故障等显示信息全部清除并重新开始运行。

（4）消音。"消音"键用来关闭控制器发出的音响。当控制器报警发出音响时，按面板上的"消音"键，系统即刻关闭音响，同时消音灯亮。

（5）自动控制转换。用于自动联动和手动联动之间的转换。在一般情况下置于手动联动状态，当火灾发生时，自动或由值机人员将它切换为自动联动状态。

（6）设置

1）实时时钟的设置包括年、月、日、时、分、秒，在正常运行状态下，可以通过调整时钟的方式进行校准。按下"设置"键，可以对其进行校时调整。

2）打印状态可以设置为自动打印，当控制器有事件发生时，在即时打印允许情况下，将自动打印出实时信息（发生事件的位置、事件类型、发生的时间及控制器编号）。

3）密码是值机人员登录的口令，只有拥有密码的值机人员才可以对内部的数据进行浏览和管理，通常消防报警控制器设有三级密码。

（7）查询。控制器可自动记录系统运行过程中的各种事件，并可手动查询。包括火警、故障、开机、关机、启动、停止、自动控制转换等。每台控制器可存储事件记录条数因不同产品而异，一般为 256～1 024 条。对于小型机，它的设置功能、查询功能也可在菜单下进行。

3.

（1）对火灾报警信息的处理。对火灾报警信息首先需要确认。人工确认是通常采用的方法，由值班人员派人前去检查，确定报警地点是否发生火灾，并用插孔电话及时通告消防控制室。

确认后有以下两种情况出现：

1）未发生火灾，属于误报。通知消防控制室为探测器误报；对误报探测器进行检查，选择清洗或更换，并对其进行误报原因分析；将误报探测器故障处理后，对主机进行复位，使之正常运行；做好日常记录。

2）确实发生火灾。

（2）对设备报警信息的处理。接到设备报警且故障不能马上排除的情况下，为了不影响整个系统的运行，运用控制器对设备隔离与开放的功能，可以将故障设备隔离，系统不再监视其运行情况，待器件修复后，再将其开放，使之恢复正常工作状态。

当系统中有器件被隔离时，面板上"隔离"指示灯亮，通过操作面板可以手动操作查询隔离器件的详细信息，同时做好值班记录，汇报上级。

第二单元

一、填空题

1. 独立　分机
2. 多线　总线
3. 25　8
4. DC120
5. 消防　一般　首层
6. 本层

二、选择题

1. B　2. A　3. D　4. B　5. B　6. D

三、判断题

1. √　2. ×　3. ×　4. √　5. √　6. ×　7. √

四、问答题

答：

当大楼的某层发生火灾时，一般不必对整幢大楼同时进行火情广播，以免引起大楼内人员疏散秩序混乱，造成"二次伤害"。火灾事故广播输出分路应按疏散顺序控制，播放疏散指令的楼层控制程序如下：

(1) 二层及二层以上楼层发生火灾，宜先接通火灾层及其相邻的上下层。

(2) 首层发生火灾，宜先接通本层、二层及地下各层。

(3) 地下室发生火灾，宜先接通地下各层及首层。若首层与二层有较大共享空间时应包括二层。

(4) 含多个防火分区的单层建筑，应先接通着火的防火分区及其相邻的防火分区。

第三单元

一、填空题

1. 湿式系统　干式系统

2. 输入

3. 闭式喷头　水流指示器　检修信号阀　湿式喷水

4. 闭式　开式

5. 玻璃泡　易熔合金

6. 电信号

7. 消除积累误差　误报警　水力警铃　15~90

8. 10

9. 惰性　排气　充水喷水

二、选择题

1. C　2. C　3. B

三、判断题

1. ×　2. ×　3. √　4. √　5. √　6. √

四、问答题

答：

玻璃泡喷头用装有液体的玻璃球阀作为感温元件。玻璃泡中的液体在一定的温度下产生的膨胀力，迫使玻璃泡炸开。玻璃泡喷头有良好的稳定性和耐腐蚀性能，应用范围比较广，特别是有腐蚀介质的场所，基本上都使用这种喷头。

第四单元

一、填空题

1. 消火栓泵　喷淋泵　稳压泵

2. 高区泵　低区泵　室内　室外

3. 蓄水池　高位水箱　消防泵

4. 水枪　水龙带　消火栓　50　65

5. 水泵接合器

6. 消防按钮

二、选择题

1. B　2. B

三、判断题

1. √　2. ×　3. ×　4. √　5. √

四、实操题

室内消火栓的使用方法

（1）打开室内消火栓箱。

（2）取出消防水带，向着火点展开。

（3）接上水枪。

（4）水带另一端连接水源。

（5）手握水枪头及水管即可灭火。

注意事项：

（1）消防箱边上不要堆放任何物品；

（2）非火情时不要使用；

（3）扑灭火情后把水带晾干并复原状态。

第五单元

一、填空题

1. 二氧化碳　七氟丙烷

2. 封闭　高于

3. 移动

4. 固体物质　液体　气体　金属　电气

5. 泡沫　卤代烷　二氧化碳

二、选择题

1. C　2. B　3. D　4. B　5. D　6. A

三、判断题

1. √　2. √　3. √　4. √

四、问答题

1. 答：

人工确认后，紧急启动，延时（关门窗等），启动电磁阀产生吸力（推力）；使推杆动作，刺破驱动气体的密封膜片，打开管路阀门及钢瓶阀门，释放灭火剂，同时放气灯点亮，声光报警。当防护区（灭火区）着火时，火灾探测器动作报警，经火灾报警控制器和气体灭火联动控制器，进行顺序控制（现场发出声光报警指示，关闭防护区的通风空调、防火门窗及有关部位的防火阀），延时30 s后，启动气瓶装置，利用高压的启动气体开启灭火剂储存容器的容器阀和分配阀，灭火剂通过管道输送到防护区，从喷嘴喷出实施灭火。

2. 答：

（1）设计规范规定了必须设置感烟和感温两类探测器，只有当两类不同探测器都动作报警后的"与"控制信号才能联动控制灭火系统。

（2）要延迟启动，一般延迟时间为30 s，在这段时间，门窗、通风管道出口会自动关闭，否则会影响灭火效果。对于有毒性的气体，喷气区人员要及时疏散。

（3）在控制室内有监视显示，当气体灭火系统发出报警后，一定要人工确认，暂不紧急启动。启动一般采用加大气体压力的方法释放灭火剂。同时放气灯点亮，并发出声光报警信号。

五、实操题

扑救火时，手提或肩扛干粉灭火器，上下颠几次，离火点3~4 m时，拔出保险销，一手握紧喷嘴，对准火源，另一手的大拇指将压把按下，干粉即可喷出。灭火时要迅速摇摆喷嘴，使粉雾横扫整个火区，由近及远，向前推移，迅速将火扑灭。

第六单元

一、填空题

1. 机械正压送风
2. 正压送风　密闭防烟
3. 加压送风机　加压送风口
4. 自然　机械
5. 排烟口　排烟阀

二、选择题

1. B　2. A　3. B　4. D

三、判断题

1. √　2. √　3. √

四、问答题

1. 答：

加压部位与着火区要有一定的压力差，才能有效阻止烟气的侵入。送风机供给的压力，应维持防烟楼梯间的压力为40~50 Pa，合用前室、避难层的压力为25~30 Pa。

2. 答：

（1）排烟口按防烟分区设置。位置最好接近防烟分区中心，最远点到排烟口的水平距离不大于30 m。

（2）排烟口安装高度在距顶800 mm以内。当顶高于3 m时，排烟口设在2.1 m的墙上；距可燃构件不应小于 1 m。出入口上方不宜设排烟口，排烟口与出入口的距离大于 1.5 m，以免负压产生烟团，不利于安全疏散。

（3）对于地下室，排烟的同时要进行补风，按规范要求，补风量不小于排烟量的 50%。

3. 答：

当着火时，接收到控制器发出联动命令，同一防烟分区的排烟口、排烟阀同时打开，同时，相应的排烟机打开。当排烟机管道内的温度达到 280℃ 时，排烟阀关闭，相应的排烟机停机。当补风管道内的温度达到 70℃ 时，相应的补风机停机。

第七单元

一、填空题

1. 感烟探测器　感温探测器
2. 阻止　防火门　防火窗　防火卷帘
3. 隔火　阻火　阻止

二、选择题

1. C　2. D

三、判断题

1. √　2. ×　3. √　4. √

四、问答题

1. 答：

（1）消防道路

（2）安全出口

（3）疏散通道

（4）疏散楼梯的正压送风

（5）应急照明、安全出口指示、疏散指示

2. 答：

防火门在建筑中的状态是：平时（无火灾时）处于开启状态，着火时控制使其关闭。防火门可用手动控制或电动控制（即现场感烟、感温火灾探测器控制，或由消防控制中心控制）。当采用电动控制时，需要在防火门上配相应的闭门器及释放开关。

3. 答：

防火卷帘是一种活动的防火分隔物，一般用钢板等金属板材制成，以扣环或铰接的方法组成可以卷绕的链状平面，平时卷起放在门和窗口上的转轴箱中，起火时将其放下展开，用以阻止火势从门窗洞口蔓延，用以把火灾控制在一个区域内，抑制火灾蔓延和烟雾扩散，最大限度地减少火灾损失。

4. 答：

防火卷帘用在两种场合，有不同的控制要求：

（1）当用在疏散通道上时，分两步到位。

1）感烟探测器动作后，卷帘下降至距地（楼）面 1.8 m。

2）感温探测器动作后，卷帘下降到底。

（2）在跨防火分区的共享大厅，包括扶梯四周的防火卷帘，不再分两步进行，而是一步到底。

5. 答：

对有特殊设备如建筑物内锅炉房、直燃机房、油浸变压器、柴油发电机房、充有可燃油的高压电容器、多油开关等具有燃烧和爆炸可能性的场所，用防火墙分开；有易燃易爆物品的建筑，严禁附设在民用建筑内。

参 考 文 献

[1] 中国就业培训技术指导中心. 智能楼宇管理员 [M]. 北京：中国劳动社会保障出版社，2009.
[2] 中国就业培训技术指导中心. 助理智能楼宇管理师 [M]. 北京：中国劳动社会保障出版社，2009.
[3] 中国就业培训技术指导中心. 智能楼宇管理师 [M]. 北京：中国劳动社会保障出版社，2009.
[4] 劳动和社会保障部教材办公室. 安装工程识图 [M]. 北京：中国劳动社会保障出版社，2008.
[5] 侯志伟. 建筑电气工程识图与安装 [M]. 北京：机械工业出版社，2004.
[6] 濮荣生，等. 消防工程 [M]. 北京：中国电力出版社，2007.
[7] 李英姿. 建筑智能化施工技术 [M]. 北京：机械工业出版社，2004.
[8] 王再英，等. 楼宇自动化系统原理与应用 [M]. 北京：电子工业出版社，2009.
[9] 王林根. 建筑电气工程 [M]. 北京：中国建筑工业出版社，2003.